图解畜禽标准化规模养殖系列丛书

蛋鸡标准化规模养殖图册

朱 庆 主编

中国农业出版社
北 京

丛书编委会

本书编委会

主　　编　朱　庆

副 主 编　张克英　崔恒敏

编　　者　（按姓氏笔画排序）

丁雪梅　王　彦　尹华东　田　莉

白世平　朱　庆　宋　真　杜晓惠

李英伦　张克英　岳　华　郑　萍

赵小玲　崔恒敏　彭　西　曾秋凤

总　序

我国畜牧业近几十年得到了长足的发展和取得了突出的成就，为国民经济建设和人民生活水平提高发挥了重要的支撑作用。目前，我国畜牧业正处于由传统畜牧业向现代畜牧业转型的关键时期，畜牧生产方式必然发生根本的变革。在新的发展形势下，尚存在一些影响发展的制约因素，主要表现在畜禽规模化程度不高，标准化生产体系不健全，疫病防治制度不规范，安全生产和环境控制的压力加大。主要原因在于现代科学技术的推广应用还不够广泛和深入，从业者的科技意识和技术水平尚待提高，这就需要科技工作者为广大养殖企业和农户提供更加浅显易懂、便于推广使用的科普读物。

《图解畜禽标准化规模养殖系列丛书》的编写出版，正是适应我国现代畜牧业发展和广大养殖户的需要，针对畜禽生产中存在的问题，对猪、蛋鸡、肉鸡、奶牛、肉牛、山羊、绵羊、兔、鸭、鹅10种畜禽的标准化生产，以图文并茂的方式介绍了标准化规模养殖全过程、产品加工、经营管理的关键技术环节和要点。丛书内容十分丰富，包括畜禽养殖场选址与设计、畜禽品种与繁殖技术、饲料与日粮配制、饲养管理、环境卫生与控制、常见疾病诊治与防疫、畜禽屠宰与产品加工、畜禽养殖场经营管理等内容。

本套丛书具有鲜明的特点：一是顺应现代畜牧业发展要求，引领产业发展。本套丛书以标准化和规模化为着力点，对促进我国畜牧业生产方式的转变，加快构建现代产业体系，推动产业转型升级，深入推进畜牧业标准化、规模化、产业化发展具有重要意义。二是组织了实力雄厚的创作队伍，创作团队由国内知名专家学者组成，其中主要包括大专院校和科研院所的专家、教授，国家现代农业产业技术体系的岗位科学家和骨干成员、养殖企业的技术骨干，他们长期在教学和畜禽生产一线工作，具有扎实的专业理论知识和实践经验。三是立意新颖，用图解的方式完整解析畜禽生产全产业链的关键技术，突出标准化和规模化特色，从专业、规范、标准化的角度介绍国内外的畜禽养殖最新实用技术成果和标准化生产技术规程。四是写作手法创新，突出原创，通过作者自己原创的照片、线条图、卡通图等多种形式，辅助以诙谐幽默的大众化语言来讲述畜禽标准化规模养殖和产品加工过程中的关键技术环节和要求，以及经营理念。文中收录的图片和插图生动、直观、科学、准确，文字简练、易懂、富有趣味性，具有一看就懂、一学即会的实用特点。适合养殖场及相关技术人员培训、学习和参考。

本套丛书的出版发行，必将对加快我国畜禽生产的规模化和标准化进程起到重要的助推作用，对现代畜牧业的持续、健康发展产生重要的影响。

中国工程院院士
华中农业大学教授　　陈焕春

编 者 的 话

　　针对现阶段我国畜禽养殖存在的突出问题，以传播现代标准化养殖知识和规模化经营理念为宗旨，四川农业大学牵头组织200余人共同创作《图解畜禽标准化规模养殖系列丛书》，包括猪、奶牛、肉牛、蛋鸡、肉鸡、鸭、鹅、山羊、绵羊和兔10本图册，于2013年1月由中国农业出版社出版发行。丛书将"畜禽良种化、养殖设施化、生产规范化、防疫制度化、粪污处理无害化"的内涵贯穿于全过程，充分考虑受众的阅读习惯和理解能力，采用通俗易懂、幽默诙谐的图文搭配，生动形象地解析畜禽标准化生产全产业链关键技术，实用性和可操作性强，深受企业和养殖户喜爱。丛书发行覆盖了全国31个省、自治区、直辖市，发行10万余册，并入选全国"养殖书屋"用书，对行业发展产生了积极的影响。

　　为了进一步扩大丛书的推广面，在保持原图册内容和风格基础上，我们重新编印出版简装本，内容更加简明扼要，易于学习和掌握应用知识，并降低了印刷成本。同时，利用现代融媒体手段，将大量图片和视频资料通过二维码链接，用手机扫描观看，极大方便了读者阅读。相信简装本的出版发行，将进一步普及畜禽科学养殖知识，提升畜禽标准化养殖和畜产品质量安全水平、助推脱贫攻坚和乡村振兴战略实施。

前　言

　　我国蛋鸡生产持续保持良好的发展势头，禽蛋产量连续多年居世界第一。随着蛋鸡产业发展要求的不断提高，目前尚存在一些影响和制约蛋鸡生产的因素，尤其是蛋鸡生产方式规模化、标准化程度低，给生产带来了诸多问题，导致生产效率不高。因此，在我国蛋鸡业处于转型的关键时期，要解决现代蛋鸡业面临的问题，必须进一步加强现代养殖技术的推广应用，推进蛋鸡生产的规模化和标准化。

　　本图册着眼于生产实际，从直观、明了出发，以大量图片结合少量文字，介绍现代蛋鸡生产技术，达到让从业者看得懂、用得上、效果好的目的。图册编委会组织了一批长期在教学和生产一线的教授和专家以及中青年学者，编写了本书，期望能对蛋鸡养殖者提供帮助，为推进我国蛋鸡养殖科学化、标准化和规模化作出应有的贡献。

　　该图册内容主要包括鸡场的规划与建设、种鸡的繁殖与人工授精、种蛋的选择与孵化、蛋鸡营养和饲料、饲料管理、疫病防治与废弃物处理、鸡场的管理等内容，图片均来自于编写人员的原创，文字尽量浅显易懂，力求可操作性和实用性。然而，由于经验和水平有限，书中内容难免存在较多问题和不足，希望广大同行、蛋鸡养殖户提出宝贵意见，以期进一步改进。

编　者

目　　录

1 第一章　蛋鸡场的规划与建设

第一节　蛋鸡场的选址与布局

一、选址

交通便利，防疫条件好，符合土地利用和农业发展要求。

● 地理条件

鸡场地势高燥，排水良好，向阳背风

（峨眉全林鸡场）

鸡场选址示意图　（尹华东）

● **交通条件**　交通便利，靠近消费地和饲料来源地。

靠近交通支线，离主要交通干线有一定的距离，远离其他养殖场。

二、布局

蛋鸡场通常分为生活区、办公区、生产区、隔离区等。

蛋鸡场效果图 （绵竹邦禾农业）

● **生活区与办公区** 包括宿舍、食堂、浴室、娱乐室、会议室、办公室、值班室、监控室等。

生活区一角 （尹华东）

● 生产区　包括各阶段蛋鸡舍和生产辅助建筑物。

生产区入口　　　（朱　庆）

鸡　舍　　　（朱　庆）

饲 料 房　　　（尹华东）

蛋　库（注意温度、紫外线杀菌及通风换气）　　　（朱　庆）

鸡蛋加工车间　　　　　　　　　（尹华东）

3

● **隔离区** 设有兽医室、焚尸炉、粪污处理设施等，主要用来隔离、治疗和处理病鸡。

病死鸡焚烧，做到无害化处理

焚 尸 炉

兽医诊断室

配备常规检测、诊断仪器

（张 龙）

发酵生产有机肥

粪污处理 　　（朱 庆）

兽医防疫室 　　　（张 龙）

粪污水沉淀后可直接入田做肥

也可排入沼气池发酵生产沼气

粪污处理 　　　（尹华东）

第二节 蛋 鸡 舍

一、蛋鸡舍类型

● **开放式鸡舍** 开放式鸡舍屋顶吊顶棚，鸡舍高2.7～2.8米，自然通风辅以机械通风，自然采光和人工光照相结合。

● **密闭式鸡舍** 屋顶及墙壁都采用隔热材料封闭起来；舍内人工光照，机械负压通风；湿帘降温。

开放式鸡舍 　　（朱 庆）　　　　封闭式鸡舍 　　（朱 庆）

二、蛋鸡舍修建要求

修建前夯实地基，山区修建注意沉降。地面要求高出舍外、防潮、平坦，易于清刷消毒；墙壁要求隔热性能好，能防御外界风雨侵袭，屋顶可用单坡式或双坡式。

修建中的鸡舍 　　　　　　　　　　（尹华东）

第三节 蛋鸡舍设备

一、鸡笼

● 育雏笼

➤ 层叠式育雏笼 一般为3～4层，优点：可节约占地面积，缺点：免疫不方便。

规模大，现代化程度高

小型鸡场，可采用简易层叠式育雏

层叠式育雏笼 （尹华东）

➤ 阶梯式育雏笼 鸡笼排列与成鸡笼一样呈阶梯式排列，一般2～3层。

小笼育雏，雏鸡均匀度好，免疫方便

阶梯式育雏笼 （朱 庆）

➤ **平面网上育雏** 在一平面上方设置铁丝网，整个鸡群在同一平面上进行育雏，一般采用自动饲喂设备。优点：育雏数量多；缺点：免疫不方便。

平面网上育雏 （朱 庆）

● **产蛋鸡笼** 组合形式常见阶梯式和重叠式。

一般3层，方便操作

阶梯式产蛋鸡笼 （尹华东）

7层，存栏数量多，节约空间，现代化程度高，免疫麻烦

层叠式产蛋鸡笼 （朱 庆）

二、饲喂设备

● 喂料设备

➤ 料桶

育雏初期使用

料 桶 （尹华东）

➤ 人工喂料

➤ 链板式喂饲 　适用于阶梯式鸡笼。

链条带动
饲料前行

饲料装于
此塔

通过此管
将饲料输
入舍内

链板式喂饲 　　　　　　　　　　（尹华东）

➤ 斗式供料车和行车式供料车 　此两种供料车多用于多层鸡笼和层叠式笼养。

斗式供料车 　　　（朱 庆）

通过该管将
饲料吸入舍
内喂料车

外部上料装置 　　（朱 　庆）

行车式供料车 　　　（尹华东）

输料

装料

配套上料设备 　　（尹华东）

● 饮水设备

➤ 雏鸡饮水器

挤压乳头出水

乳头式饮水器　　　（朱　庆）

鸭舌根据压力开关

鸭舌式饮水器　　　（朱　庆）

真空饮水器

育雏阶段使用

（尹华东）

➤ 成鸡饮水

置于鸡笼前上方

乳头式饮水器

挤压出水

（尹华东）

> 净水设备

净水系统 （朱 庆）

三、清粪设备

● **刮板式清粪机** 阶梯式笼养鸡舍内常用的清粪设备。

鸡舍内部清粪设备 （尹华东）

鸡舍外部清粪设备 （尹华东）

● **传输带清粪** 适用于层叠式鸡笼。

层叠式清粪传输带　　（朱　庆）　　　　清粪传输带外部　（朱　庆）

四、光照设备

● 开放式鸡舍　自然光照与人工补光相结合。
● 密闭式鸡舍　采用人工光照计划。

鸡舍内部照明　　　　　　　　　　（尹华东）

预设参数
自动控制　　手动控制

探头感
应控制

光照控制设备　　　　　　　　（朱　庆）

五、通风设备

鸡舍较长时，两
侧墙上应该设进
风窗，便于通风

增加过道
空气流通

侧墙通风　　（朱　庆）　　　　过道通风　　　（朱　庆）

密闭式鸡舍，
负压通风

风机关

风机开关
控制风量

风机开

纵向风机　　　　　　　　　　（朱　庆）

　　开放式鸡舍一般以自然通风为主，辅以排风扇等机械通风设施。

六、降温设备

常用的降温设备主要是湿帘—风机系统和屋顶喷淋降温系统。

湿帘外部用纸片制作，易于导水

配合风机使用，快速降温

湿帘降温　　　　　　　　　　（尹华东）

淋喷系统，夏季天热时可从鸡舍上方对鸡舍进行喷淋降温

屋顶喷淋系统　　　　　　　　（张　龙）

七、供暖设备

● 电热暖风炉

电加热暖风炉，高效无害

电热暖风炉
（张　龙）

● 液化气 通过室内感应探头由电脑系统控制液化气加热空气，对室内进行升温。具有升温效果好、卫生、节能、自动化的特点。

液化气加热设备 　　　　（朱　庆）

● 燃煤加热

燃煤取暖 　　　　（尹华东）

第四节　鸡场配套设施

一、保障条件

● 水　鸡场一般距城市较远，如果没有自来水，需打井、修水塔以保证本鸡场供水。水质应满足无公害畜禽饮用水水质标准。

鸡场水塔保障整个鸡场1~2天用水

水 塔 （尹华东）

● **供电** 要保证任何时候都能正常供电，标准化、现代化鸡场对电力具有十分强的依赖性。

配备相关设备保障鸡场电源供应

报警器

配 电（绵阳圣迪乐村）

最好配备两台发电机，预防突发事故

发 电 室（绵阳圣迪乐村）

● **库房**

分类整齐排放

已修

待修

库房内部

（尹华东）

二、配套设施

● 鸡场绿化　鸡场植树、种草绿化，对改善场区小气候、净化空气和水质、降低噪声等有重要意义。在进行鸡场规划时，必须规划出绿化地，其中包括防风林、隔离林、行道绿化、遮阳绿化、绿地等。

鸡场绿化　　　　（尹华东）

鸡舍之间的绿化带　（尹华东）

● 鸡舍监控系统　鸡舍监控系统能随时监测鸡场的情况，方便对鸡场的管理，及时发现并处理鸡群的异常。

监控显示屏　　　（尹华东）

鸡舍内部摄像头　　（尹华东）

第二章 蛋种鸡的繁殖与人工授精

第一节 蛋种鸡的外表选择

一、种母鸡的外表选择

▲ **目标**：符合品种特征，体重、体型达标，体质强健。

● **雏鸡选择** 雏鸡选择可分2次进行，雏鸡出壳时和转入育成舍时（6～8周龄）。

➢ 活泼好动，两脚稳定站立
➢ 眼睛有神，大小整齐
➢ 腹部不大，脐孔愈合良好
➢ 手感温暖，挣扎有力
➢ 叫声响亮而清脆
➢ 无畸形

 健雏

弱雏

方法：一看、二听、三摸

➢ 无活力，站立不稳
➢ 腹大，脐孔不清洁
➢ 手感较凉，绵软无力
➢ 叫声嘶哑微弱或鸣叫不止
➢ 有畸形

不能站立

转 脖

脐孔带血

劈叉腿

黏 壳

雏鸡选择
（杜晓惠）

17

● **育成鸡选择** 结合两次转群，分别在6～8周龄和17～18周龄进行选择。

➤ 羽毛生长迅速，体型不过大，发育良好者

➤ 体型、外貌符合品种要求，身体健康，发育健全，鸡冠比较发达、红润

6～8周龄

随时淘汰有呼吸道病或怀疑有传染病的个体

17～18周龄

育成鸡选择 （杜晓惠）

● **成年鸡选择**

成年鸡选择 （杜晓惠）

项目	选留	淘汰
冠髯	发育良好，鲜红，触摸感细致、温暖	发育不良，发灰白色，触摸感粗糙、冷凉
头部	清秀，头顶宽，呈方形	粗大或狭窄
喙	粗短，微弯曲	长而窄直
胸部	宽、深、向前突出，胸骨长而直	窄浅，胸骨短而弯曲
背部	宽、直	短、窄或呈弓形
腹部	柔软，皮肤细致，有弹性，无腹脂硬块	皮肤粗糙，弹力差，过肥的鸡有腹脂硬块
耻骨	相距3指以上，薄而有弹性	相距2指以下，较厚，弹力差
肛门	松弛、湿润	较松弛
脚和趾	胫坚实，鳞片紧贴，两脚间距宽，趾平直	两脚间距小，趾过细或弯曲

二、种公鸡的外表选择

▲ **目标**：获得适量的合格种公鸡，减少不必要的饲养量，延长公鸡使用寿命。

种公鸡的选择比种母鸡的选择更严格。蛋种鸡出壳后，首先通过翻肛或者自别雌雄等方法，分辨公母，然后按照下图的流程进行。

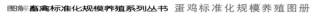
➤ 公母比1：8或1：10（人工授精）

➤ 鸡冠发育明显，颜色鲜红

➤ 体重较大，外貌符合品种要求

➤ 公母比1：10或1：30

➤ 性反射好，精液量多、浓稠

➤ 可多留15％～20％的后备公鸡

配种前2周

6～8周龄

17～18周龄

出壳时

➤ 公母比1：5

➤ 符合品种特征、健壮、活泼

➤ 公母比1：9或1：15～20

➤ 体重中等，发育匀称，健康无病

➤ 冠大、鲜红直立，对按摩有明显性反应，射精量适中

种公鸡选择 　　　　　　　　　　　　（杜晓惠）

第二节　蛋种鸡繁殖性能

一、开产日龄

开产日龄

个体开产日龄
➤ 个体产第一个蛋时的日龄
➤ 一般在18周龄左右
➤ 育种上多用，可以进行个体选育

群体开产日龄
➤ 全群鸡连续2天达到50％产蛋率的日龄
➤ 一般在21周龄左右
➤ 生产上多用，可以衡量鸡群的培养质量

二、产蛋曲线

用以描述蛋鸡产蛋率随时间的变化而变化的曲线称为产蛋曲线。如下图：

周产蛋率＝鸡群本周产蛋总数÷累加饲养只日数×100%

累加饲养只日数＝周末存活鸡数×7+死亡鸡数×各自实际存活天数

产蛋曲线

好的产蛋曲线，最初5～6周，产蛋率迅速增加；高峰值可达90%～95%，23周龄左右进入产蛋最高峰，维持一段时间；之后，优秀蛋鸡每月直线平稳下降2%～4%，到15～16月龄应保持65%的产蛋率，入舍母鸡72周产蛋数接近300枚。如京红1号，23周达90%产蛋率且能维持24周，72周产蛋率能达77%。

第三节　蛋种鸡的人工授精技术

人工授精技术是鸡繁殖上的重大进步。第一，采用人工授精避免了种公鸡对种母鸡的好恶选择；第二，通过精液品质鉴定，可淘汰性机能差的公鸡，增加优秀公鸡的后代；第三，可大大减少种公鸡的饲养量，将公母比例从1：10提高到1：40左右，提高了效率和效益。

整个人工授精技术流程：采精→检测→输精。其中，检测可根据需要采用。

一、采精技术

● **采精前准备** 一般，在22周龄后，根据生产需要，提前1周对种公鸡进行采精训练。训练3次后，将体重轻、采不出精液、精液稀薄、经常有排粪反射及拉稀便的公鸡及时淘汰。经过4～5天训练，大多数公鸡可满足采精需要。

固定	公鸡（单笼）、人员、时间与采精手势
训练	提前1周，每天采精1次，连续4～5天
淘汰	性反射差、精液品质差的
剪毛	剪去公鸡肛门的羽毛
消毒	所需器具，高温煮沸20分钟
备用	生理盐水、保温杯、消毒药棉

剪毛露出肛门

滴管集精药棉

采精准备
（杜晓惠）

● **采精方法** 常用背（腹）式按摩采集法。通常3人一组效率高，2人抓公鸡并保定，1人采精。到输精时，2人抓母鸡并翻肛，1人输精。公母鸡都保定在鸡笼门口，仅尾部露出，便于操作就行。

➢ 公鸡的保定

助手保定：单手抓鸡双脚轻轻往笼外提，另一只手理顺双翅，使鸡头颈部在笼内、尾部伸出笼门，方便采精。笼门口保定效率高。

➤ 采精操作

交尾器

集精管

采精员：左手由鸡的背部向尾根按摩数次，引起公鸡性兴奋后，其尾部上翘，待交尾器外翻时，左手快速捏住交尾器，右手握集精管候在泄殖腔下方，左手拇指和食指适当挤压泄殖腔两侧，射精，接住精液。

腹部刺激：公鸡性反射不足时才用。采精员右手指夹集精管，掌心贴近公鸡腹部，作高频率抖动，配合左手的按摩刺激。当公鸡排精时，翻转右手背，使集精管口向上接精液。

➤ 注意事项 为了顺利采出精液，延长公鸡的使用时间，需注意以下常见问题：

采精训练	应该稳定，不能频繁更换训练人员，不能时断时续等。
挤压力度	挤压泄殖腔时，力度恰当，不能引起公鸡不适。
采精手法	采精动作必须双手配合，迅速而准确，尤其是按摩频率、力度与公鸡性反应的协调。
采精频率	每天采精会使精液质量变差，隔日或采两天休息一天；一次采精量不够时，可以再采一次。
采精用具	要清洗干净、高温消毒，待用时用消毒纱布遮盖。
公鸡年龄	及时淘汰精液质量差的老龄公鸡，同时补充年轻力壮的公鸡，混合精液效果好。
公鸡受惊	如粗暴抓鸡，公鸡过度紧张，会出现暂时采不出精液或精液量过少的现象。
精液质量	弃用最先流出的一小部分精液；避免粪便和其他异物掉进集精管。

二、 精液品质的检测

● 常用检查项目

● 外观评定

颜　色：乳白色
气　味：略带有腥味
浓稠度：乳状、黏稠
精液量：0.3～0.7毫升
污染度：不能有血块、粪便等

　正常精液　　　　　带血精液　　　　　粪污精液

为减少公鸡饱食后排粪尿，污染精液，可在采精前3～4小时停食。

● 密度估测

浓：40亿个／毫升以上；视野被占满，几乎看不到精子间隙和单个精子的活动。

中：20亿～40亿个／毫升；精子之间有明显空隙，能容纳1个精子，可见到单个精子的活动。

稀：20亿个／毫升以下；精子之间有大量空隙，能容纳2个或以上精子。尽量不用。

● **活力评定**

➤ **方法** 用低倍显微镜检查，载玻片推片。可用5.7％葡萄糖液1∶1稀释后检查。

头 尾

➤ **正常精子** 柳叶状头部连接着细长的尾部，沿一直线波浪式前进。

➤ **异常精子** 断头、原地回旋、左右摇摆、震动、凝聚等。

➤ **3级评定法** 选取4个不同方向的镜面，观察大群精子，是否像开水煮沸的样子，或成云雾状翻滚。

活力较好：3～4个镜面可以看到。

活力一般：2个视野可以看到。

活力较差：1个视野可以看到。

➤ **10级评定法** 取4个不同方向的镜面，精子全部直线前进为1级，依次10级递减至0.1级。

● **精液品质抽查** 一般在种公鸡开始利用前、45周龄以后、公鸡体重突然下降、突发疾病、受精率突然下降时进行。其中，活力评定通常采用3级评定法。

三、输精技术

输精过程需要两人配合，一人翻肛，一人输精。

● 翻肛

> ➤ 单手握鸡双脚，单手跨肛门上下，拇指向腹内挤压出阴道口，固定住。
> ➤ 输精后松手，放鸡。
> ➤ 轻抓轻放，减少应激；关好笼门，防止外逃。
> ➤ 时间：下午，多数母鸡产蛋后；子宫部若有蛋，做好标记，产蛋后再输。

软垫：保护胸部

● 输精

▲ 注意事项

左手紧握集精管
(保温，防紫外线)

右手持输精器，拇指和食指稍用力压住胶头→吸入精液→挤入母鸡阴道口→压紧胶头→抽出滴管→消毒棉花擦净滴头→松开胶头（重复以上动作）

➢ 尽快输完　20分钟内。

➢ 输精量　原精30微升，米粒大小。

➢ 深度与方向　2厘米，顺输卵管方向。

➢ 输精间隔　5天左右，首次连输2天，夏季4天。

➢ 集种蛋　首次输精后第3天开始。

若用下面的微量移液枪输精，效果更好。

微量移液枪

移液枪头：每只鸡换1枪头，避免交叉感染

第一节　种蛋的选择

一、种蛋的来源

应选择健康鸡群所产的鸡蛋，鸡在第二年产的蛋较好，孵化率较高。

鸡蛋大头向上　　　　　　　（王　彦）

二、选择标准

● **新鲜程度**　种蛋越新鲜越好，最长不超过15天。
● **外观选择**　表面光滑、清洁，无破损，呈卵圆形，大小均匀。

种蛋的选择 （王 彦）

● **蛋壳厚度和颜色** 种蛋蛋壳要求致密均匀，厚薄适中，同一品种的蛋，蛋壳颜色一致。

破损蛋

软壳蛋

气室过大

过大蛋

过小蛋

几种不合格种蛋 （朱 庆）

● **听声选择** 目的是剔除破蛋。方法是两手各拿3枚蛋，转动五指，使蛋互相轻轻碰撞，听其声音。完整无损的蛋其声清脆，破蛋可听到破裂声。

第二节　种蛋的消毒和保存

一、种蛋的消毒

● 种蛋消毒时间　在蛋产出后尽快消毒，每次捡蛋（每天4～6次）完后立刻在禽舍里的消毒柜中消毒或送到孵化厂消毒。种蛋入孵后，应在孵化器里进行第二次消毒。

● 种蛋消毒方法　种蛋消毒方法很多，但国内仍以甲醛熏蒸法和过氧乙酸熏蒸法较为普遍。

种蛋熏蒸消毒　（绵阳圣迪乐村）

种蛋消毒地点和方法

（引自《家禽孵化与雏禽雌雄鉴别》）

次数	地点	注释	每立方米体积用药量			消毒环境条件		
			16%过氧乙酸（毫升）	高锰酸钾（克）	福尔马林（毫升）	时间（分钟）	温度（℃）	相对湿度（%）
1	鸡舍内每次捡蛋后在消毒柜中	A	40～60	4～6	—	15～30	20～26	75
		B	—	14	28	20～30	20～26	75
2	入种蛋贮存室前在消毒柜中	A	40～60	4～6	—	15～30	25～26	75
		B	—	14	28	20～30	20～26	75
3	入孵前在入孵器中	C	—	14	28	20～30	37～38	60～65
		D	—	21	42	20～30	37～38	60～65
4	移盘后在出雏器中	A	—	7	14	20	37～37.5	65～75
		B	—	—	20～30	连续	37～37.5	65～75

注：A或B任选一种，C为本场种蛋，D为外购种蛋；种蛋消毒注意避开24～96小时胚龄的胚蛋。

二、种蛋的保存

种蛋保存条件主要是温度、湿度、通风3个方面。

● 保存温度　鸡胚的发育临界温度是24℃，种蛋保存温度应低于此温度。种蛋保存1周以内，15℃较为合适；1周以上，12℃为宜。另外，种蛋从鸡舍移到蛋库时，需逐渐降温。

种蛋保存的环境控制

项　目	1～4天	1周内	2周内		3周内		
			第1周	第2周	第1周	第2周	第3周
温度（℃）	15～18	13～15	13	10	13	10	7.5
相对湿度（%）	75～80	75～80	80	80	80	80	80
蛋的位置	1周内钝端向上，2～3周内锐端向上						
卫生	全过程应清洁，防鼠害、防苍蝇						

（引自《家禽孵化与雏禽雌雄鉴别》）

● 保存湿度　以相对湿度70%～80%为宜，在使用空调时应特别注意，实际生产中常采用放置水盆的办法。
● 通风　应有缓慢适度的通风，以防发霉。

第三节　孵化的条件

种蛋孵化的条件主要包括温度、湿度、通风和翻蛋等，应根据胚胎发育严格掌握。

一、温度

温度是孵化成败的关键条件，只有在适宜的温度条件下，才能获得理想的孵化效果。孵化时温度控制要平稳，防止忽高忽低。

孵化的温度可分为恒温和变温：

● **恒温孵化** 在入孵1～19天内温度保持在37.8℃上下，19～21天保持在37.2℃。

● **变温孵化** 1～6天保持在38℃，7～12天保持在37.8℃，13～19天保持在37.3℃，19～21天保持在36.9℃。最后一天可提高0.5～1℃，以利于出雏。

二、湿度

孵化湿度掌握以"两头高中间低"进行调控，孵化前期（1～7天）以60%～65%为宜，中期（10～18天）以50%～55%为宜，出雏期（19～21天）以65%～70%为宜，湿度较高有利于蛋壳的破碎。

三、通风

良好的通风是孵化厂最好的空气清洁剂，一般要求空气中O_2含量不低于20%，CO_2浓度不超过0.5%，但不能因为通风而影响温度和湿度。每个孵化机都有通风孔，可通过开启通风孔来调节通风，一般第一周开启1/4～1/3，第二周开启1/3～1/2，第三周开启3/4～4/4。

通风孔

孵化机通风 （朱 庆）

第四节　孵化的管理

一、翻蛋与转蛋

从入孵的第一天起，就要每天定时翻蛋，一般每2小时翻1次，翻蛋要求平稳，均匀，最大角度不要超过45°。

转蛋可防止粘连，促使胎儿运动，并使受热均匀。入孵1～18天每2个小时转蛋1次，转蛋角度为90°，出雏期不需要转蛋。

二、照蛋

整个孵化期，先后要通过3次照蛋观察确定胚胎的发育情况，以便及时剔除无精蛋、死精蛋或死胚，确保胚胎发育正常。

● **头照**　第一次照蛋在孵化进入到第6～7天时进行。正常胚胎可以看到胚胎与卵黄囊的血管形成，形似蜘蛛；无精蛋则无任何反应，无胚胎发育，观察不到血管。

1.气室　2.卵黄　3.血圈　4.血管　5.胚胎　6.眼睛

● 二照 在孵化的第11天进行，大型立体孵化机在第二次照蛋时多采用抽查法。发育正常的胚胎，尿囊在蛋的尖端合拢，包围蛋内蛋白，除气室外可见整个蛋布满血管。

气室

10　　11

第10天和第11天照蛋图

● 三照 在孵化的18～19天进行。发育正常的胚胎，气室增大，气室边缘是弯曲倾斜的，俗称"斜口"，血管粗。

第18天和第19天照蛋图

三、出雏

第20天将入孵鸡蛋转至出雏器中，保持相对湿度为75%，并熏蒸消毒。待雏鸡出壳后及时将雏鸡和蛋壳转走，若有因蛋壳较硬而啄壳困难的雏鸡可帮助其出壳，但应防止出血。按家系放入一个雏盒，登记健雏、弱雏、残死雏、死胎数。

小鸡等待出壳　　（朱 庆）　　　　出雏装箱　　（朱 庆）

初生雏分级标准

级别区分	精神状态	体重大小	腹部	脐部	绒毛	两肢及行动	畸形	脱水	手握感觉
强雏	活泼，健壮，眼大有神	符合品种标准	大小适中，平整柔软	收缩良好	长短适中，颜色符合品种要求	两肢健壮，站得稳	无	无	争脱有力
弱雏	眼小或细长、呆立、嗜睡	过小或符合品种标准	过大或较小，肛门污秽	收缩不良，大肚脐、血脐带，潮湿	长或短、脆、色浅或深、沾污	站立不稳，喜卧，行动蹒跚	无	有	软绵无力，似棉花团
残次雏	不睁眼或单眼，瞎眼	过小，干瘪	过大，软或硬，青色	蛋黄吸收不完，脐炎	火烧毛，卷毛，无毛	弯趾，跛脚，站不起	有	严重	无

(引自《家禽孵化与雏禽雌雄鉴别》)

四、公母鉴别

雌雄鉴别有雏鸡伴性性状鉴别法和翻/捏肛法。

● **伴性性状鉴别法** 快羽对慢羽、芦花对非芦花、银色羽对金色羽。

● **翻/捏肛法** 轻翻/捏雏鸡泄殖腔，有米粒大小突起的为公雏。

排粪 （王彦）

翻肛鉴别 （王彦）

翻肛必须在光线强的地方，并且动作要轻柔，以免给雏鸡造成不必要的伤害。

初生雏禽雌雄鉴别有几个好处：

➤ 可以节省饲料，并根据需要分类培养。

➤ 节省禽舍、劳动力等费用。

➤ 提高母雏的成活率和整齐度。

五、预防接种

出壳后第一天接种马立克氏病疫苗，根据实际情况进行其他免疫。

注射马立克氏病疫苗　（王　彦）

六、清扫消毒

出雏完毕（鸡一般在第22天上午），首先拣出死胎和残雏、死雏，并登记在表。然后对出雏器、出雏室、雏鸡处置室和洗涤室进行彻底的清扫消毒。

出雏后消毒　（江西圣迪乐村）

七、停电时的措施

在孵化过程中如遇到电源中断或孵化器出故障时，要采取下列各项措施。

➢ 应备有发电机，以应停电的急需。

➢ 停电后首先拉电闸，室温提高至27 ～ 30℃，不低于25℃。

➢ 孵化前要注意保暖，孵化后要注意散热。

➢ 孵化中、后期：停电后每隔15 ～ 20分钟转蛋1次；每隔2 ～ 3小时把机门打开半边，拨动风扇2 ～ 3分钟，驱散机内积热，以免烧死胚胎。

➢ 如机内有孵化17天的鸡蛋，闷在机内过久容易热死，应提早落盘。

4 第四章 蛋鸡的营养与饲料

第一节 蛋鸡的营养需要

蛋鸡的营养需要包括对能量、蛋白质和氨基酸、脂肪酸、矿物元素、维生素和水的需要。

一、生长蛋鸡的营养需要

生长蛋鸡的营养需要

营 养 指 标	单 位	0～8周龄	9～18周龄	19周龄至开产
代谢能	兆焦／千克（兆卡／千克）	11.91(2.85)	11.70(2.80)	11.50(2.75)
粗蛋白	%	19.0	15.5	17.0
蛋白能量比	克／兆焦（克／兆卡）	15.95(66.67)	13.25(55.30)	14.78(61.82)
赖氨酸能量比	克／兆焦（克／兆卡）	0.84(3.51)	0.58(2.43)	0.61(2.55)
赖氨酸	%	1.00	0.68	0.70
蛋氨酸	%	0.37	0.27	0.34
蛋氨酸＋胱氨酸	%	0.74	0.55	0.64
苏氨酸	%	0.66	0.55	0.62
色氨酸	%	0.20	0.18	0.19
精氨酸	%	1.18	0.98	1.02
亮氨酸	%	1.27	1.01	1.07
异亮氨酸	%	0.71	0.59	0.60
苯丙氨酸	%	0.64	0.53	0.54
苯丙氨酸＋酪氨酸	%	1.18	0.98	1.00
组氨酸	%	0.31	0.26	0.27
脯氨酸	%	0.50	0.34	0.44
缬氨酸	%	0.73	0.60	0.62
甘氨酸＋丝氨酸	%	0.82	0.68	0.71
钙	%	0.90	0.80	2.00
总磷	%	0.70	0.60	0.55

（续）

营养指标	单位	0～8周龄	9～18周龄	19周龄至开产
非植酸磷	%	0.40	0.35	0.32
钠	%	0.15	0.15	0.15
氯	%	0.15	0.15	0.15
铁	毫克／千克	80	60	60
铜	毫克／千克	8	6	8
锌	毫克／千克	60	40	80
锰	毫克／千克	60	40	60
碘	毫克／千克	0.35	0.35	0.35
硒	毫克／千克	0.30	0.30	0.30
亚油酸	%	1.00	1.00	1.00
维生素A	国际单位／千克	4 000	4 000	4 000
维生素D	国际单位／千克	800	800	800
维生素E	国际单位／千克	10	8	8
维生素K	国际单位／千克	0.5	0.5	0.5
硫胺素	毫克／千克	1.8	1.3	1.3
核黄素	毫克／千克	3.6	1.8	2.2
泛酸	毫克／千克	10	10	10
烟酸	毫克／千克	30	11	11
吡哆醇	毫克／千克	3	3	3
生物素	毫克／千克	0.15	0.10	0.10
叶酸	毫克／千克	0.55	0.25	0.25
维生素B_{12}	毫克／千克	0.010	0.003	0.004
胆碱	毫克／千克	1 300	900	500

注：根据中型体重鸡制定，轻型鸡可酌减10%；开产日龄按5%产蛋率计算。
（资料来源：NY/T 33—2004《中国鸡饲养标准》。）

二、产蛋鸡的营养需要

产蛋鸡的营养需要

营养指标	单位	开产至高峰期（产蛋率>85%）	高峰后（产蛋率<85%）	种鸡
代谢能	兆焦／千克（兆卡／千克）	11.29(2.70)	10.87(2.65)	11.29(2.70)
粗蛋白	%	16.5	15.5	18.0
蛋白能量比	克／兆焦（克／兆卡）	14.61(61.11)	14.26(58.49)	15.94(66.67)
赖氨酸能量比	克／兆焦（克／兆卡）	0.64(2.67)	0.61(2.54)	0.63(2.63)
赖氨酸	%	0.75	0.70	0.75
蛋氨酸	%	0.34	0.32	0.34
蛋氨酸＋胱氨酸	%	0.65	0.56	0.65
苏氨酸	%	0.55	0.50	0.55

（续）

营养指标	单位	开产至高峰期 （产蛋率＞85%）	高峰后 （产蛋率＜85%）	种鸡
色氨酸	%	0.16	0.15	0.16
精氨酸	%	0.76	0.69	0.76
亮氨酸	%	1.02	0.98	1.02
异亮氨酸	%	0.72	0.66	0.72
苯丙氨酸	%	0.58	0.52	0.58
苯丙氨酸＋酪氨酸	%	1.08	1.06	1.08
组氨酸	%	0.25	0.23	0.25
缬氨酸	%	0.59	0.54	0.59
甘氨酸＋丝氨酸	%	0.57	0.48	0.57
可利用赖氨酸	%	0.66	0.60	—
可利用蛋氨酸	%	0.32	0.30	—
钙	%	3.5	3.5	3.5
总磷	%	0.60	0.60	0.60
非植酸磷	%	0.32	0.32	0.32
钠	%	0.15	0.15	0.15
氯	%	0.15	0.15	0.15
铁	毫克／千克	60	60	60
铜	毫克／千克	8	8	6
锌	毫克／千克	60	60	60
锰	毫克／千克	80	80	60
碘	毫克／千克	0.35	0.35	0.35
硒	毫克／千克	0.30	0.30	0.30
亚油酸	%	1	1	1
维生素A	国际单位／千克	8 000	8 000	8 000
维生素D	国际单位／千克	1 600	1 600	1 600
维生素E	国际单位／千克	5	5	10
维生素K	国际单位／千克	0.5	0.5	1.0
硫胺素	毫克／千克	0.8	0.8	0.8
核黄素	毫克／千克	2.5	2.5	3.8
泛酸	毫克／千克	2.2	2.2	10
烟酸	毫克／千克	20	20	30
吡哆醇	毫克／千克	3.0	3.0	4.5
生物素	毫克／千克	0.10	0.10	0.15
叶酸	毫克／千克	0.25	0.25	0.35
维生素B_{12}	毫克／千克	0.004	0.004	0.004
胆碱	毫克／千克	500	500	500

注：根据中型体重鸡制定，轻型鸡可酌减10%；开产日龄按5%产蛋率计算。

（资料来源：NY/T 33—2004《中国鸡饲养标准》。）

第二节 饲料种类

蛋鸡的饲料主要分为能量饲料、蛋白质饲料、矿物质饲料和添加剂饲料。

一、能量饲料

包括谷实类（玉米、高粱、小麦、稻谷等）、糠麸类（小麦麸、米糠等）、块根块茎及副产物（甘薯、马铃薯等）和油脂等，一般占配方比例的50%～80%以上。

最主要的能量饲料，可利用能值高，适口性好，但缺乏赖氨酸、蛋氨酸和色氨酸

粗纤维含量高，有效能值低，但脱壳后有效能与玉米接近，可代替玉米

玉　米　　（白世平）　　　　稻　谷　　（郑　萍）

饲喂效果不如玉米，含有大量的非淀粉多糖，增加食糜的黏度，降低养分消化率

有效能值略低于玉米，适口性差，应用时尤其要注意抗营养因子单宁的含量

小　麦　　（白世平）　　　　高　粱　　（白世平）

有效能值低，约为玉米的65%；粗纤维含量高，一定要限制用量

麦　麸　　（白世平）

有效能值比玉米高，但极易氧化酸败，一定要控制

细米糠　　（白世平）

营养变异大，存在非淀粉多糖和纤维等抗营养因子，并易受霉菌毒素污染

玉米酒糟　（圣迪乐生态食品有限公司）

有效能值极高，能降低加工过程粉尘、缓解动物应激，但应注意氧化酸败

脂肪粉　　（郑　萍）

二、蛋白质饲料

包括植物性蛋白质（豆饼粕、菜籽饼粕、棉籽饼粕、花生饼粕等）和动物性蛋白质（鱼粉和肉骨粉等）。

主要的蛋白质饲料，粗蛋白质含量为42%～46%，适口性好，但蛋氨酸不足

豆　粕　　（白世平）

粗蛋白质含量为35%左右，氨基酸组成平衡，但养分利用率低，尤其要注意芥酸、硫代葡萄糖苷等抗营养因子的含量

菜籽粕　　（白世平）

粗蛋白质含量变化大，缺乏赖氨酸，精氨酸过高；应用时注意游离棉酚和环丙烯脂肪酸的含量，限制使用

棉 籽 粕 （郑 萍）

蛋白质含量高，但氨基酸不平衡，可补充玉米黄素，增加蛋黄颜色

玉米蛋白粉 （郑 萍）

蛋白质含量高，必需氨基酸全面且平衡，避免过量造成食盐中毒

鱼 粉 （郑 萍）

营养差异大，粗蛋白质含量平均为40%～50%；氨基酸平衡，但必须控制卫生指标

肉 骨 粉
（圣迪乐生态食品有限公司）

三、矿物质饲料

主要指常量矿物质饲料，包括钙源性饲料（石粉、贝壳粉、蛋壳粉等）、磷源性饲料（磷酸氢钙、磷酸钙等）和食盐等。

主要在育雏、育成期使用，粒度为0.6～0.7毫米

细粒碳酸钙粉 （白世平）

主要在产蛋期使用，粒度为1.5～2.0毫米

磷酸氢钙（白世平）

粗粒碳酸钙粉　　　（白世平）　　　食　盐（曾秋凤）

四、添加剂类饲料

添加剂饲料的种类　　　　　　　（白世平）

第三节　饲粮配制

一、配合饲料类型

包括全价配合饲料、浓缩饲料和添加剂预混料。

配合饲料类型及其使用

配合饲料类型	所含饲料原料	使用注意事项
全价配合饲料	能量饲料+蛋白质饲料+常量矿物质饲料（钙、磷和食盐）+添加剂预混合饲料	养分种类齐全，数量足够，比例平衡，直接饲喂给蛋鸡，不必额外添加其他饲料原料
浓缩饲料	蛋白质饲料+常量矿物质饲料（钙、磷和食盐）+添加剂预混合饲料	占全价配合饲料的20%～40%，与能量饲料合理搭配后喂给蛋鸡
超浓缩饲料	少量蛋白质饲料+常量矿物质饲料（钙、磷和食盐）+添加剂预混合饲料	占全价配合饲料的10%～20%，与蛋白质和能量饲料合理搭配后喂给蛋鸡
基础预混料	矿物质饲料+维生素饲料+氨基酸+添加剂+载体或稀释剂	用量2%～6%，不能直接饲喂给蛋鸡
添加剂预混料	微量矿物元素饲料+维生素饲料+其他添加剂+载体或稀释剂	单一或复合类型，用量≤1%，不能直接饲喂给蛋鸡

二、配制饲料

饲粮配制的过程　　　　　　　　　　（白世平）

三、饲料安全

● 控制饲料源性有毒有害物质

饲料原料中有毒有害物质的种类

原料类型	原料名称	有毒有害物质种类
植物性饲料	豆粕	植物凝集素、蛋白酶抑制剂、脲酶等
	高粱	单宁等
	菜籽粕	硫葡萄糖苷、芥子碱、植酸、单宁等
	棉籽粕	游离棉酚、环丙烯脂肪酸、单宁
动物性饲料	鱼粉	过氧化物、肌胃糜烂素、组胺等
	肉粉、肉骨粉	病原蛋白
矿物质饲料	磷酸盐类	氟
	碳酸钙类	铅、砷等重金属
	骨粉	氟、铅、砷等有毒金属元素，病菌

● 防止非饲料源性有毒有害物质的污染　控制霉菌毒素、农药、病原菌、有毒金属元素超标。

● 按规定使用饲料药物添加剂，严禁使用违禁药物

● 不要过量添加微量元素

防止饲料霉变

霉变玉米　　　　（曾秋凤）

酚红法快速、定性判断脲酶活性

豆粕中脲酶活性的检测 （白世平）

判断饲料掺假等

饲料镜检 （白世平）

接种：观察微生物菌落生长；然后分离，鉴别

饲料中病原微生物的鉴别 （白世平）

高效液相色谱可测定四环素类抗生素

饲料药物和违禁品的检测
（圣迪乐生态食品有限公司）

可测定必需微量元素（除硒外）和有毒有害元素

饲料的矿物元素检测
（圣迪乐生态食品有限公司）

四、蛋鸡参考饲料配方

育雏期：玉米31.75%、小麦15.00%、大麦15.00%、豆粕32.05%、植物油2.31%、食盐0.33%、碳酸钙2.12%、磷酸氢钙0.71%、DL－蛋氨酸0.20%、赖氨酸的盐酸盐0.04%、苏氨酸0.11%、维生素和微量元素添加剂预混料0.38%。

育成期：玉米14.60%、小麦27.00%、大麦27.00%、豆粕15.92%、植物油1.82%、葵花子粕10.00%、食盐0.33%、碳酸钙2.26%、磷酸氢钙0.38%、DL－蛋氨酸0.14%、赖氨酸的盐酸盐0.15%、苏氨酸0.02%、维生素和微量元素添加剂预混料0.38%。

产蛋期（产蛋率>70%）：玉米59.32%、豆粕28.30%、植物油1.26%、食盐0.38%、贝壳粉4.00%、碳酸钙4.51%、磷酸氢钙1.08%、DL－蛋氨酸0.15%、添加剂预混料1.00%。

产蛋期（产蛋率<70%）：玉米65.88%、豆粕20.86%、菜籽粕3.20%、碳酸钙7.82%、磷酸氢钙1.13%、食盐0.37%、氯化胆碱0.1%、DL－蛋氨酸0.10%、添加剂预混料0.54%。

第四节　饲料的加工与贮藏

一、饲料加工

● 粉碎　粉碎粒度一般雏鸡饲料在1.00毫米以下，育成期蛋鸡饲料在1～2.00毫米，产蛋鸡饲料在2.00～2.5毫米。

不能过粗，过粗影响雏鸡的消化

育雏期饲料粒度

（张克英）

不能过细，影响消化道发育

育成期饲料粒度 （张克英）

过细增加能耗，适口性差，饲料浪费大

产蛋鸡饲料粒度 （张克英）

● **混合** 混合能保证饲料原料均匀，确保配合饲料的营养成分分布均匀。将粉碎后的饲料原料和各种预混合的预混料按不同配比混合，形成了粉状饲料。

饲料混合机械 （曾秋凤）

饲喂方便，但易引起蛋鸡挑食，输送时宜分级

粉状饲料 （白世平）

● **制粒** 制粒是将粉状配合饲料或单一原料（米糠、牧草等）经挤压作用而成型为粒状饲料的过程，生产的配合饲料叫颗粒饲料，将颗粒饲料重新破碎成不同的粒度，叫破碎料。

适口性好，避免挑食，育雏、育成期蛋鸡可用，但成本高，易使部分维生素和酶失活

颗粒饲料 （白世平） 破碎料 （白世平）

二、饲料贮藏

正确贮存饲料水分含量应不高于13%，环境温度控制在15～18℃，相对湿度应保持在65%以下；可以添加防霉剂、防虫剂和抗氧化剂。

至少1米

注意通风，控制温度和湿度，防止阳光照射，贮存时间不宜超过3个月

整齐码放

分类放置

注意防潮、通风

留出3～4米通道

饲料的贮藏 （白世平）

第五节 饲料选购

选购配合饲料时的注意事项

饲料选购
- 注重饲料的品质
  - 产品质量合格证
  - 饲料标签
  - 保质期
- 按生产阶段选购
  - 育雏料、育成料和产蛋期料
- 注意生产厂家和品牌

5 第五章　蛋鸡的饲养管理

● 饲养管理的基本内容

● **饲养方式与阶段划分**　国内蛋鸡养殖中普遍采用三段式和两段式两种饲养模式。近年来，越来越多的养殖场采用两段式模式，甚至建立专门的育雏育成场和蛋（种）鸡场，达到全场的"全进全出"，可获得更好的生产性能。

本章按传统的三阶段模式进行编写。其中，产蛋期又细分为预产期、产蛋高峰期和产蛋后期，流程如下：

育雏舍（0～6 周龄）
育成舍（7～17 周龄）
产蛋舍（18～65 周龄）
2次转群，应激大

育雏育成舍（0～15 周龄）
产蛋舍（16～65 周龄）
1次转群，应激小，性能优减少笼舍投入

笼养育雏（0～6 周龄）
放养育成（7～18 周龄）
笼养产蛋（19～65 周龄）
培育质量高，性能优，多用于土种蛋鸡

第一节 育雏期（0~6周龄）的饲养管理

一、育雏期目标

➤ 鸡群健康，0~6周龄存活率99%以上。

➤ 体重达标，均匀度在85%以上。

➤ 体型发育良好，无多余的脂肪。

二、育雏舍日常操作程序

时间	工作内容	注意事项
8:00—8:10	观察记录和调节温、湿度，观察健康状况，如有异常及时报告	1. 升温期间保证鸡舍内的温度、湿度与《温度、湿度控制表》相符，1天内温差控制在2℃以内；每2小时1次的温、湿度记录，必须如实填写 2. 每天要有当班记录 3. 除粪 4. 每天晚上必须把地面上的鸡只全部抓回鸡笼，不能让鸡在地面过夜 5. 18:00时至次日8:00时，饲养员轮流值班，观察调节温度、湿度，补水、补料，同时按规定执行光照程序
8:10—10:30	清洗饮水器、加水、加料	
10:30—11:00	带鸡消毒和环境消毒	
11:00—12:00	扫地	
12:00—14:00	休息	
14:00—14:30	观察鸡群、补水、补料	
14:30—16:30	除粪	
16:30—17:00	清扫地面	
17:00—17:30	除煤渣，观察鸡的健康状况	
17:30—17:50	补水、补料，保证鸡只晚上不能断水、断料	
17:50—18:00	观察记录温、湿度	

三、育雏前的准备

笼具准备 ➡ **消毒鸡舍及设备用具** ➡ **准备饲料、疫苗及药品**

按网上育雏或笼上育雏进行准备。规模化育雏，普遍采用多层重叠式育雏笼

消毒程序：冲洗→干燥→药物消毒→熏蒸→空闲2周→进鸡前3天通风

1~6周龄，每只鸡消耗1.2~1.5千克饲料；保证持续、稳定的供料，不能经常变换

四、育雏期管理技术

足够空间

不被惊扰

卫生环境

良好营养

明亮光线

少吃多餐

适宜温度

新鲜空气

雏鸡的主要需求

● 温度管理

▲ 目标　适宜、稳定、均匀、渐减。

1～3日龄：热源
周围35～37℃

平稳下降

每周降2～3℃

6周龄22℃

查看温度计：1～3日龄，每2小时1次；以后，每天不少于3次。
确保舍内各处温差及昼夜温差不超过1℃。

温度监测和控温要求 　　　　　　　　　　　　　（杜晓惠）

　　除查看温度计外，还需要根据雏鸡的分布和行为来判断温度是否适宜，并及时调整，尤其要避免挤堆的情况出现，否则会有较弱的雏鸡窒息而亡。

温度适宜，
均匀分布，
行为正常

热源

贼风，
躲向一侧，
挤堆

雏鸡状态

温度过高，
远离热源，
张嘴哈气

热源

热源

温度过低，
靠近热源，
挤堆

● 湿度管理

▲ **目标** 前高后低。前期防低湿，防止出现脱水；后期防高湿，预防呼吸道疾病。

前2周
55%～65%

＋

适宜的湿度 →

雏鸡脚爪润泽、精神良好，
无羽毛黏湿

3周起
45%～55%

舍内无尘土飞扬，
无水珠凝结

● 光照管理

▲**目标** 快速适应环境，同时还要避免产生啄癖。

光照时间 第1周22～24小时 2周龄后，每周减2小时，到8～10小时后维持不变

光照强度 第1周20勒克斯 2周龄后5勒克斯 灯泡均匀分布

● 为避免产生啄癖，光照强度和时间都是渐减的
● 20勒克斯：15米²60瓦白炽灯（9瓦节能灯）
● 5勒克斯：15米²25瓦白炽灯（5瓦节能灯）

雏鸡光照要求 （杜晓惠）

鸡舍照明定时器

照度计

光照时间与强度的控制 （杜晓惠）

许多鸡场安装照明定时自动控制开关，取代人工开关，保证光照时间准确可靠。光照强度可用照度计进行检测，而且房间各处的照度要一致。

● 通风管理

▲ 目标 保证舍内充足的氧气含量，排出热量、湿气、灰尘和有害气体。要求舍内不刺鼻和眼，不闷人，无过分臭味。

气温较高时排风，或者排风前先提高舍温1～2℃

0～4周龄

保温为主通风为辅

5周龄起

通风为主保温为辅

温控通风系统：高于设定温度即自动打开风机，反之则关闭风机

● 密度管理

▲ **目标** 提供适宜的饲养密度，确保雏鸡同时采食或饮水，以及适当的运动空间，以保证鸡群均匀度和健康。

周龄	网上平养 （只／米²）	立体笼养 （只／米²）
1 ~ 2	40	60
3 ~ 4	30	40
5 ~ 6	25	30

雏鸡的饲养密度 （杜晓惠）

适宜的饲养密度应随季节、周龄、品种、鸡舍环境、通风状况、饲喂条件、雏鸡体质等而异。

● 饮水管理

▲ **目标** 充足、卫生。

根据实际情况，有多种饮水器可供选择，以能确证水质和饮水量为好。

饮水位置：周长2厘米/只

真空饮水器

普拉松式饮水器

乳头式饮水器
1 ~ 5日龄经常保持盛水杯中有水

自动杯式饮水器
杯中一直有水

每个可供10 ~ 15只雏鸡饮水

各种饮水器 （杜晓惠）

出壳后尽早开始 ← 初饮

18 ～ 20℃ 为宜

水温

饮水量 → 每笼调教 6 ～ 10 只　观察饮水情况

添加物 → 初饮时加 5% ～ 6% 的葡萄糖和水溶性维生素　从第 2 天起，可添加抗菌药 3 ～ 5 天

卫生 → 真空饮水器每天清洗 1 次　饮水管半个月消毒 1 次

饮水管理

饮水高度

3 ～ 4 天上调 1 次 ←

● 喂料管理

▲ 目标　营养、卫生、安全、充足、均匀。

喂料管理

原则 → 自由采食少　喂勤添

次数 → 开食 8 ～ 10 次　以后 4 ～ 6 次

采食量 → 检查嗦囊　测定日采食量　杜绝浪费

品质 → 防止发霉　避免污染

开食盘：红色更好
采食位置：5 厘米宽

3 天后逐渐过渡

笼养：料槽

平养：料桶

平养：自动料线

雏鸡的饲喂用具

（杜晓惠）

● 体型管理

▲ 目标　周周达标，体重均匀度达80%以上。

抽测
时间：每周定时，空腹
选点：定点，代表性
数量：5%～10%（至少100只）

计算：平均数及均匀度

$$10\%\text{体重均匀度} = \frac{(\text{平均体重} \pm 10\%)\text{体重范围内的鸡只数}}{\text{取样总只数}} \times 100$$

措施：合理调群改进饲养管理

分析：对照标准查找原因

● 预防啄癖

▲ 目标　减少应激；断喙切口平整，上短下长，长度适宜；防止出血过多。

雏鸡的啄癖　　　　　　　　　　　　　（杜晓惠）

鸡喙比较尖锐，鸡天性喜欢啄，在规模化饲养条件下，很容易出现啄癖（啄羽、啄趾、啄肛）。可以从饲养管理方面去预防啄癖。

注意氨基酸的平衡，避免饲料单一，按日粮0.5%～1%掺入砂石，助消化。

平衡日粮

加强通风换气

控制光照

降低灯泡瓦数，每平方米不超过3瓦。夏季应使用遮黑网罩挡光

降低密度

断喙

40天左右戴眼镜尽量在晚上进行选型号合适的眼镜应激小，利于增重

在被啄的部位涂擦龙胆紫和黄连素等苦味强烈的消炎药物

隔离被啄鸡

给鸡戴眼镜

预防啄癖的措施

（杜晓惠）

在没有把握预防啄癖的情况下，规模化饲养的蛋鸡通常是需要断喙的。

时间：7～12日龄
鸡群健康
提前3天添加维生素K
组织好人员、准备好用具

断喙前准备 →

固定头脚

断喙长度

1/2
1/3

断喙后管理 ←

雏鸡嘴型 ←

高温止血2秒 ←

选择适宜孔径

饲槽内多添料；加维生素K及抗炎药物；7～8周龄后修剪

断喙流程

断喙后，如果发现嘴型异常的鸡，应该在7周龄后（最迟产蛋前1个月左右）进行修喙，否则会影响采食和生长。

断喙不良   断喙鸡正常   未断喙

正确修喙   （杜晓惠）

第二节 育成期（7~17周龄）的饲养管理

一、育成期目标

体况 —— 健康，体质健壮体型、体重达标脂肪沉积少

均匀度 —— 达标80%以上

性成熟 —— 与体成熟同步适时开产

二、育成期日常操作程序

时间	工作内容	注意事项
8:00 ～ 8:20	观察鸡群，剔出病弱鸡只单独饲养，称重	1．如遇免疫提前做好饲养工作，上班时间开始做免疫。 2．水箱每周二、周五清洗，饮水投药后立即清洗。 3．灯泡周一、周四各擦拭1次。 4．每月15和30号冲洗水管，饮水投药后立即冲洗。 5．鸡舍消毒2天1次，封场1天1次，疫病流行期每天2次，免疫前后3天不消毒，环境消毒1周1次。 6．鸡舍地面、墙壁及环境卫生每天清扫。 7．按鸡只周龄的第二天早上空腹称重。
8:20 ～ 9:20	加料、匀料、投药、打扫清洁卫生	
9:20 ～ 10:20	调群（按体重大小）	
10:20 ～ 11:00	匀料、消毒、洗水箱	
11:00 ～ 12:00	调群	
12:00 ～ 14:00	午餐、休息	
14:00 ～ 15:00	加料、匀料	
15:00 ～ 15:30	清洁（洗水管等）	
15:30 ～ 17:30	调群（按体重大小）	
17:30 ～ 18:00	匀料、统计报表	
21:00 ～ 22:00	听鸡	

三、育成期管理技术

● 转群与换料管理

▲ 目标：适时转群，逐渐换料，平稳过渡，勤于观察，减少应激。

➢ 转群管理

转群前	➡	转群时	➡	转群后
添加抗应激药； 转群前6～12小时停料，不停水； 降至转入舍温度； 转入舍备好水、料，不换料		待用的车辆、物品、道路等彻底消毒； 选择气温适宜的时间； 轻抓轻放，避免伤害； 整理、调整鸡群，选出发育不良鸡单养		添加抗应激药3天； 密切观察饮水和采食，及时处理突发事件； 适应1周后，再进行预防注射、换料等

➢ 换料管理

换料时间：

雏鸡料 —— 7～8周 体重和跖长达标 —— 育成料 —— 16～17周 鸡冠开始变红时 —— 产蛋前期料 蛋白质含量17%，钙含量2%

换料程序

	第1、2天	第3、4天	第5～7天	之后
本阶段料	2/3	1/2	1/3	0
待换料	1/3	1/2	2/3	1

逐渐换料，1周过渡

异常处理

生理性腹泻时，可添加一些促消化制剂
生长发育不达标时，可推迟1～2周换料

转群后，要注意满足育成鸡的采食和饮水位置。

	平 养	笼 养
采食位置	周长4～6厘米/只	8～13厘米/只
饮水位置	乳头式：9～11只/个	2.5～5厘米/只

● 体重和均匀度管理

▲ **目标：** 体重周周达标，均匀度达到80%以上。

➤ 适宜、均匀的饲喂量

➤ **育成期不同阶段的管理要点**

9～12周龄：快速生长期
保证采食量和周增重；
密度：20只／米²

13～18周龄：过渡期
减少应激，平缓增料；
密度：15只／米²

7～8周龄：过渡期
转群或分群；
密度：25只／米²

● 光照管理

▲ **目标**　适时性成熟，必要时要跟限饲结合起来更有效。育成鸡

蛋鸡宜采取较低的光照时间和较弱的光照强度，尤其是13～18周龄的育成后期，切勿增加，以免母鸡性早熟。

➤ **密闭式鸡舍光照要求** 较低的光照强度是为了防止鸡群产生啄癖。最好在鸡舍的进风口和排风口安装遮光罩，以减少自然光照的影响。

光照时间 恒定在 8～10小时

25瓦白炽灯 或5瓦节能灯

光照强度 5勒克斯

避光网　　　风机遮光罩　　　遮光板

➤ **开放式鸡舍** 受日照的影响，开放式育成的蛋鸡一般会提前开产，不利于生产，所以要进行人工干预。

恒定式：全期都采用10～20周龄最长的自然光照时间，日照时数低时用人工光照补足。灯泡的照度要求为1～3瓦/米^2。

渐减式：2周龄时，每天光照时间约为18小时，以后每周递减15～20分钟，到18周龄时维持11小时左右。

● 温度管理

▲ 目标 尽量让鸡群生活在适宜温度下，避免极端温度。

适宜温区	→ 18 ~ 22℃，每天温差不超过2℃
夏季	→ 控制在30℃以内 常用措施有：提高风速、安装风机湿帘降温系统、降低饲养密度
冬季	→ 控制在13 ~ 18℃ 安装供暖装置
季节交替	→ 防止冷应激

● 淘汰病弱鸡 在饲养过程中，对生病的、发育不良的、体重差异太大的鸡只进行及时处理，或者淘汰。在开产之前，淘汰第二性征太差的、过早开产、产小蛋的鸡只。

第三节 产蛋期的饲养管理

产蛋鸡的饲养管理内容比较多，应根据蛋鸡的饲养阶段、季节、地区等差异，对下表的时间和工作内容进行调整。

一、产蛋舍日常操作程序

时间	工作内容	注意事项
5:00	开灯	产蛋栏隔天清扫1次；水箱每周二、五清洗，饮水投药后立即清洗；灯泡周一、四各擦拭1次；每月15和30号冲洗水管，饮水投药后立即冲洗；鸡舍消毒日常2天1次，封场时1天1次，疫病流行期每天2次，免疫前后3天不消毒，环境消毒1周1次；鸡舍地面、墙壁及环境每天清扫；种蛋熏蒸消毒剂量：每立方米用高锰酸钾21克、福尔马林42毫升
5:50 ~ 6:00	观察鸡群，剔出病弱鸡只单独饲养	
6:00 ~ 7:30	加料、匀料、投药、打扫清洁卫生	
7:30 ~ 8:30	休息和吃饭	
8:30 ~ 9:00	匀料、擦灯泡	
9:00 ~ 10:00	收集第一次种蛋并熏蒸交蛋	
10:00 ~ 10:30	消毒、洗水箱	
10:30 ~ 11:00	第二次加料、匀料	
11:00 ~ 11:40	收集第二次种蛋、熏蒸	
11:40 ~ 12:00	收集死鸡并统一回收处理	
12:00 ~ 14:00	午餐、休息	
14:00 ~ 15:00	匀料、收集种蛋、交蛋熏蒸、做好人工授精准备	
15:00 ~ 17:30	人工授精（种鸡）	
17:30 ~ 18:00	第三次加料、匀料、扫产蛋栏和收集死鸡、统计报表并上交	
21:00	熄灯	

说明：根据不同地区日出时间的差异，表中的时间可以后延0.5 ~ 1小时。

二、产蛋前期（18～21周龄）的饲养管理

蛋鸡育成结束到5%产蛋率这一阶段称为产蛋前期（18～21周龄）。

▲ 产蛋前期目标

体况　鸡群健康，生长发育良好；抗体水平均匀、有效

体重　达到72周龄体重的75%～80%；均匀度80%以上

产蛋率　20～21周龄5%；23～24周龄50%；27～28周龄达产蛋高峰

● 转群管理

17周温度适宜时

整顿鸡群，淘汰病、残、弱、瘦、小

转群

提前驱虫、二次断喙

1周后，防疫、换料、补光

● 喂料管理

▲ **目标**　营养、卫生、安全、充足、均匀。

饲料营养　19周龄，饲喂预产料；
产蛋率5%时，换产蛋高峰料

确保饲喂量　每天定时、定量饲喂3次，匀料3次；
监测和记录鸡群日采食量和产蛋率；
抽测体重，分群管理；
根据产蛋率和体重增加饲喂量；
最好采用自动喂料系统

饲料储存　防止发霉、污染和浪费；
储存在干燥、通风良好处；
每周清理储料间或料塔；
夏季可使用防霉制剂

● 光照管理

▲ **目标**　适时加光，实现体成熟与性成熟的同步化。

光照刺激过早，易造成鸡群早衰、脱肛等情况；光照刺激过晚，高峰延后，体脂沉积增加，直接影响生产效益。

光照原则　不得随意改变光照程序；
只可延长不可缩短

增光时间　17 ～ 19周龄，体重达标后增光；
体重不达标，推迟增光1 ～ 2周

光照时间　每周增加0.5 ～ 1小时，至产蛋高峰达16小时，直到淘汰前两次每次增加1小时，以后每周增加20 ～ 30分钟

光照强度　10 ～ 20勒克斯（开放式鸡舍偏高）；
安装5 ～ 7瓦的节能灯即可

产蛋前期的光照过渡

● 通风管理

▲ **目标**　温度13 ～ 25℃，昼夜温差3 ～ 5℃，湿度50% ～ 65%，空气清新，风速适宜（冬季0.1 ～ 0.2米/秒）。

维持鸡舍适宜的温度，
保证空气质量；
预产期适当加大通风量，高
峰期则相对谨慎

维持温度的相对稳
定，昼夜温差在3~
5℃

以防寒保温为主，将舍内温
度控制在13℃以上，逐渐减
少排风量（横向通风）

以防暑降温为主，将舍温控
制在30℃以下；增大通风量
（纵向通风），使用湿帘降温
系统或舍内喷雾降温等

三、产蛋高峰期（22~48周龄）的饲养管理

高峰期前产蛋呈跳跃式上升，增长很快，并且体重仍在增加，鸡
只生理负担大，鸡群抗应激能力下降，对外界环境的变化较敏感。

▲ 高峰期目标

● **高峰期管理技术**

在产蛋前期的基础上，高峰期更加重视喂料、防疫与应激管理，以确保稳产与高产。

➤ **饲喂管理**

▲ **目标** 确保鸡群采食到新鲜、充足、全价的高峰产蛋料。

➤ **防疫管理**

▲ **目标** 杜绝烈性传染病，减少条件性疾病。

处于高峰期的鸡群，体质与抗体消耗均比较大，抵抗力随之下降。因此，应严抓防疫关。

➢ 应激管理

▲ **目标** 减少应激的危害，确保鸡群生产稳定。

引起产蛋鸡应激的因素及后果

减缓应激的措施

四、产蛋后期（49周龄至淘汰）的饲养管理

产蛋后期占到了产蛋期接近50%的比例，部分养殖户在500多日龄淘汰时，产蛋率仍维持在70%以上，所以产蛋后期生产性能的发挥直接影响养殖户的收益水平。

● **产蛋后期目标**　体重几乎不变，确保鸡群生产性能平稳下降。加强防疫卫生，防止脂肪肝和肠炎等疾病的发生。

● **产蛋后期管理技术**　产蛋后期的饲养管理要做到"坚持精益求精"，做好生产管理各个细节，才能实现收益水平最大化。

➤ 产蛋后期的饲养管理要点

➤ 及时淘汰低产鸡

高产鸡与低产鸡的比较

	鸡冠	腹部	羽毛	肛门	粪便	采食	肤色
高产鸡	鸡冠发达、红润温暖	腹部容积大	羽毛蓬乱换羽迟	肛门松弛、湿润	粪便成形、颜色正常	食欲旺盛，迅速吃净	无羽处颜色较白
低产鸡	鸡冠薄而萎缩	腹部容积小	羽毛整洁换羽早	肛门紧缩、较干	粪便细长、较干	采食懈怠，东张西望	无羽部位颜色较黄

五、产蛋鸡的四季管理

➤ 保证营养，自由采食
➤ 减少应激，减少窝外蛋
➤ 通风换气时注意保温
➤ 淘汰不产蛋的鸡

➤ 防暑降温，带鸡消毒
➤ 充足的饮水
➤ 防止饲料霉变
➤ 清除鸡舍周围的杂草、消灭蚊虫

➤ 防寒保暖
➤ 增加饲料量10%
➤ 补充光照至16小时
➤ 保持舍内清洁干燥，预防慢性呼吸道疾病

➤ 注意人工补光
➤ 加强通风换气，以免湿度过大
➤ 按体重分群饲养
➤ 淘汰秋季换羽和停产早的鸡

六、产蛋鸡的生产记录

▲ **目标** 尽量详尽，准确。

生产记录的内容很多，见下表。每天记录并将数据录入电脑，计算产蛋率，描绘产蛋曲线，与该品种鸡的生产标准进行比较，及时发现和纠正饲养管理中存在的问题。

产蛋鸡舍生产统计表

第_____舍　　饲养员_____　　_____年_____月_____日

日期	日龄	死亡	销售	实存数	死淘率	产蛋数	产蛋率	合格蛋数	料蛋比	耗料（千克）	发病用药记录	其他

蛋鸡的生产标准是指在良好饲养管理条件下应能达到的生产水平。实际养鸡之前，最好参考各品系鸡种的原产公司所介绍的最新性能指标。

第四节　蛋种鸡的饲养管理

蛋种鸡（尤其是种母鸡）的饲养管理与商品蛋鸡大同小异，不同的是种鸡阶段需要考虑种公鸡的饲养管理，以及孵化率、健雏率等指标。因此，种鸡阶段更加重视公母鸡群的健康及种蛋管理等问题。

➢ 培育期：各系分群、公母分群
➢ 种用期：棚架平养和笼养为好
➢ 饲养密度：比商品鸡小40%

➢ 平养：18周左右转群即合群，24周或者蛋重达50克时留种蛋
➢ 笼养：连续2天人工授精后，次日收集种蛋

一、蛋种鸡的饲养方式

蛋种鸡笼养及人工输精

种用期实行笼养的种公鸡，在9～17周龄应平养，并有室外运动场，以增强公鸡体质。育成后期，若发现公鸡开始互啄和爬跨时，最好转为单笼饲养。

产蛋箱

每4只母鸡备1个；
要求：清洁、干燥、细软

公鸡料桶

公母营养需要不同，分槽饲喂

母鸡料槽

鼻骨：长6厘米左右，18～20周龄穿

蛋种鸡平养及公母分饲

种鸡平养时，应该坚持公母分槽饲喂，即公鸡用吊高的料桶饲喂（母鸡够不着），母鸡用加有隔栅的料槽饲喂。隔栅的宽度让母鸡能够自由采食，而公鸡的头伸不进去（鼻孔内穿有鼻骨），以便达到各自的饲养目标。

二、种蛋的大小控制

适宜的种蛋重量，才有比较高的孵化率和雏鸡质量。

降低蛋重	产蛋后期	限制饲养，一般减料5%～10%，保持种母鸡体重
		适当降低日粮能量水平，也预防脂肪肝的出现
		适当降低蛋白质（0.5%～1%）和蛋氨酸水平

三、种公鸡的培育

进入育成期，肌肉、骨骼肌开始快速增长，10～15周龄睾丸开始发育，15周龄后繁殖系统进入发育高峰。因此，应密切关注每周体重变化，及时调整鸡群，对体重不达标的鸡只及时增加营养供给。

➤ 培育期以平养带运动场最好

➤ 育成后期，最好单笼饲养

➤ 采用人工授精，必须单笼饲养

饲养方式

➤ 17周龄前严格测量体重和距长，调整均匀度，并逐步增加饲喂量，必要时采用限制饲养，使小公鸡健壮而不肥胖

光照

饲喂量

➤ 17周龄后，每周增加0.5小时直至12～14小时，光照强度在10勒克斯以上

温度

营养水平

➤ 公鸡的育雏温度比母雏高1℃

➤ 成年公鸡在20～25℃最理想，至少应在5～30℃

	育雏期	育成期	繁殖期
代谢能（兆焦／千克）	11～12	11～12	11～12
粗蛋白（%）	18～19	12～14	13～15
钙（%）	1.1	1	1.5
磷（%）	0.45	0.45	0.8

四、种公鸡的训练与管理

采精前（20～21周）

增加营养
- ➤ 添加0.04%维生素E + 0.1%奶粉
- ➤ 或每4只公鸡加1个熟鸡蛋

体重
- ➤ 2.7～2.8千克

防疫
- ➤ 疫病净化，并加强免疫

采精训练
- ➤ 修剪泄殖腔周围的羽毛
- ➤ 专人训练1周
- ➤ 检测精子活力、密度，淘汰不合格公鸡

采精期（22周至淘汰）

使用频率
- ➤ 隔1～2天采精1次
- ➤ 体重降低100克时，延长采精间隔

环境
- ➤ 干燥、通风良好，温度13～25℃

45周后
- ➤ 适当加强营养，添加亚油酸、鱼肝油、发芽谷物等
- ➤ 补充后备公鸡

使用年限
- ➤ 最多两年，最好1年

第五节 鸡蛋的储存与加工

　　鸡蛋产出后，如果直接消费和包装，容易传播疾病，贮藏时间短，也不能出口。随着人们安全卫生意识的提高，消费加工后的清洁蛋是大势所趋。

一、鸡蛋的收集

　　▲ **要求** 及时，完好，定时，分级（挑出破蛋、软蛋、沙皮蛋、过大或过小的蛋）。

　　● **手动收集**

净手

每天捡蛋3～6次 ➡ 尽快消毒 ➡ 种蛋库

● 自动收集

人工分拣　　自动传送　　自动分拣

自动集蛋

接入流水线

蛋托下行，当与下方柱上伸出的牙尖相遇时，鸡蛋便滚落入流水线

自动集蛋过程（箭头示鸡蛋运行路径）

二、鸡蛋的消毒

　　鸡蛋收集后，每天分 1～2 批消毒后入蛋库。鸡蛋的消毒方法很多，总体上分为物理消毒法和化学消毒法，推荐使用过氧乙酸熏蒸法和臭氧杀菌法，效果好，操作方便，无残毒。

熏蒸法

过氧乙酸

➤ 每立方米空间用16%过氧乙酸溶液50毫升和高锰酸钾5克，15分钟
➤ 低温保存，现用现配
➤ 无残毒，多用于食用蛋

福尔马林

➤ 依次加入：每立方米空间用少量温水、10～15克高锰酸钾和20～30毫升福尔马林，30分钟
➤ 有残毒，多用于种蛋

➤ 消毒要求：密封良好的空间＋耐腐蚀的盆
➤ 可在蛋盘上罩塑料薄膜，以减少药量

臭氧杀菌

➤ 蛋库中臭氧浓度0.5～1.5毫升／米^3
➤ 高于1.5毫升／米^{3}以上时，人员须远离

室内臭氧机

过氧乙酸熏蒸后，入蛋库，再进行臭氧消毒更好

三、鸡蛋的储存与保鲜

　　鸡蛋的保鲜是非常热门的研究领域，所有的工作都围绕着减少鸡蛋的重量损失和阻止微生物侵入，并取得了非常不错的成果。其中，涂膜保鲜技术是一个相对活跃的领域，具有非常广阔的应用前景。

0℃左右，不应低于-3.5℃；
2～5℃，保质期40天

冷藏

涂膜

常用壳聚糖和醋酸钠、氢氧化钙的复配剂

冷藏+气调

臭氧杀菌

气调

热处理

充CO_2，抑制好氧微生物

50℃温水浸泡20分钟

四、鸡蛋的加工

我国蛋品工业化程度低，蛋品加工设备严重依赖进口，蛋品设备研发处于起步阶段，而且主要以洁蛋加工设备、初加工设备为主。

● **蛋品加工设备** 国内蛋品加工设备主要以洁蛋加工设备、初加工设备为主，蛋品加工企业以推广品牌蛋、清洁蛋为主。再制蛋加工以手工腌制为主，主要需要一些小型剥壳机。蛋液、蛋粉等深加工设备，在国内的保有量很少。

➤ **蛋品加工设备种类**

集蛋、装箱、清洗

初加工

清洗、消毒、干燥、涂膜、检测、分级、打码、包装

洁蛋加工

蛋品加工设备

蛋粉加工

清洗、检测、打蛋、分离、巴氏杀菌、干燥

再制蛋加工

液蛋加工

清洗、检测、拌料、腌制、蒸煮、剥壳、干燥、包装

清洗、检测、打蛋、巴氏杀菌、装填

➤ 蛋品加工代表性企业

荷兰 MOBA —— 最大的禽蛋分级包装设备厂家 优质、高价

丹麦SANOVO —— 优势：液蛋、蛋粉等深加工

日本NABEL —— 价格与MOBA接近

燕北集团 —— 中韩合资，性价比高

福建闽台 —— 国产，多为单件设备，较为便宜

深圳振野 —— 特色产品：皮蛋、咸蛋、卤蛋生产线，鹌鹑蛋剥壳机等

国内蛋品加工设备

● 洁蛋加工

➤ **整体流程** 机械化程度高的国家，鸡蛋一产出来，就通过传送带送到成套加工设备上，一整套流程都通过机器完成。目前，国内的多数洁蛋生产商多采用单台作业方式，在很多环节加入了人工操作。

低温干燥 消毒 喷码 喷保鲜膜 分级包装 贮藏 运输 消费者 收集 手工分拣 光照筛选 清洗

➢ **其他加工环节**　洁蛋加工，根据自动化程度的不同，需要的设备系统差异很大。

上蛋

光检

清洗＋消毒剂

包装

喷码

紫外照射

6 第六章 蛋鸡的疾病防治与废弃物处理

第一节 鸡场的卫生与消毒

一、常用的消毒方法及消毒剂

● 常用消毒方法

熏蒸 机械清除

浸泡

饮水 化学消毒法 物理消毒法 热力消毒

喷雾消毒 辐射消毒

生物消毒法

鸡粪发酵消毒

● 常用消毒剂

75%乙醇消毒 醇类

含氯化合物 漂白粉、次氯酸钠、二氧化氯、二氯异氰尿酸钠等

常用消毒剂

常用乳酸 酸类

过氧化物类 过氧乙酸、过氧化氢、高锰酸钾和臭氧

（彭 西）

在日常生产管理中百毒杀、漂白粉、优氯净等消毒剂，作用广泛，应用普遍；鸡舍、消毒池可选用火碱、生石灰；一些表面活性剂如新洁尔灭、洗必泰杀菌作用强，无刺激性，常用于皮肤、器械消毒。

二、饲前的卫生消毒

　　进鸡前必须对鸡舍及场区进行有效而彻底的消毒，这样才能保证一个卫生清洁的饲养环境。具体方法如下：

　　● 清除粪便和用具　鸡出栏后，应清除垫料、鸡粪、饲养用具等一切可移动物品。

　　● 清洗鸡舍　用清水将附着在墙壁、地面（尤其是鸡粪）及顶棚的污物冲洗干净，最好用高压冲洗机。

（彭　西）

（彭　西）

　　● 墙壁和地面消毒

等水分干后，用3%～5%的烧碱水再次冲洗消毒鸡舍的内外环境	——一定时间→　用清水冲洗干净
	↓ 干燥3～4天
用过氧乙酸0.3%～0.5%水溶液同样彻底冲洗	←一定时间——　用清水冲刷干净，以杀灭地面、墙壁和设备上残留的病原体

（彭　西）

用石灰水泼洒鸡舍内1米以下的墙壁及地面（彭　西）

● **养鸡设备及用具的消毒**　料槽、水槽等用自来水仔细刷洗，再用高锰酸钾液、2%～3%来苏儿或2%～5%漂白粉溶液浸泡消毒，用自来水清洗干净，晾干。

（彭　西）

● **鸡舍熏蒸消毒**　用福尔马林和甲醛对鸡舍（连同养鸡所用的设备和垫料一起）熏蒸消毒（48～72小时）。然后打开窗户，空舍1周即可进鸡。

（彭　西）

● **消毒检测**　有条件的鸡场可做此项工作，方法：每次消毒后对空气进行细菌学检查(普通平板培养和大肠杆菌、沙门氏菌的鉴别培养)，使鸡舍达到规定的卫生指标。

几种消毒方法的效果比较

三、饲中的卫生消毒

● **外来车辆消毒**　在车辆进出的大门前应设置有消毒池。

(彭　西)

● **人员消毒**　工作人员要求身体健康，无人畜共患病。

A = 消毒室
B = 工作间
C = 鸡舍

养殖场鸡舍布局示意图

工作人员在进入鸡舍前要先更换干净的工作服和工作鞋，洗手

脚踏消毒池或喷雾消毒鞋底

然后经过有紫外灯或自动喷雾消毒装置的消毒室

（彭　西）

● **鸡群的消毒**　也称带鸡消毒，在育雏期、育成期都可以进行，主要使用喷雾器。雾粒直径以80～120微米为宜，不可过细，否则易被鸡吸入呼吸道引发肺水肿。喷雾时先关闭门窗，以距离鸡体50厘米为宜进行喷雾，动作要缓慢。一般每2天消毒1次。消毒药选择广谱高效、无毒、无害、刺激性小、黏附性大的消毒剂，如0.1%新洁尔灭、0.2%～0.5%过氧乙酸、0.5%～1%漂白粉溶液等。喷雾程度以鸡体表面稍湿为宜。冬季稀释用水应提前加热至室温以防止鸡感冒。消毒后要开窗通气，使其尽快干燥。

带鸡消毒　　　　　（彭　西）

● **空气的消毒**　定期（如1周1次）通过喷雾方式进行消毒，夏天还要注意加强通风，以降低空气中的病原含量。

喷雾消毒　　　（彭　西）

● **舍内地面及墙壁**　定期清扫和喷雾消毒。喷雾程度以地面、墙壁均匀湿润为宜。

墙壁消毒　　　　　　　　　　　　　地面消毒　　　（彭　西）

● 饲料消毒　为了保证饲料运送卫生，防止中途污染，应用封闭式料车运料，并经常清除残剩料和进行熏蒸消毒。

● 饮水线消毒　定期对鸡饮用水的水箱清洗消毒：清除水箱内的污物和水垢；用高浓度的次氯酸钠或过氧化氢复合物氧化溶解水垢，并杀灭细菌；用清水反复冲洗水箱和管道；将含有清洁剂的水从水箱输入到水管内。

第二节　参考免疫程序

一、免疫接种的方法

免疫接种的常用方法有：点眼，滴鼻，翼下刺种，羽毛涂擦，皮下注射，肌内注射，翼下注射，饮水法和气雾法。

滴　鼻　　　（彭　西）　　　　　　滴　口　　　（彭　西）

点　眼　（彭　西）

翼下刺种（《鸡病防控140问》）

颈部皮下注射（《鸡病防控140问》）

胸部肌内注射　（彭　西）

二、参考免疫程序

免疫程序必须根据疫病的流行情况及其规律，家禽的用途、日龄、母源抗体水平和饲养条件，以及疫苗的种类、性质、免疫途径等因素来制定，不能硬性统一规定。

蛋鸡推荐免疫程序

日　龄	疫苗种类	接种方式	剂量
1	新城疫－传染性支气管炎二联活疫苗（C30-MA5）	点眼或滴鼻	1头份
7～8	新城疫－传染性支气管炎二联活疫苗	点眼或滴鼻	1头份
	新城疫灭活油苗	颈部皮下注射	0.3毫升

（续）

日 龄	疫苗种类	接种方式	剂量
12 ~ 14	传染性法氏囊病活疫苗 (228E)	滴鼻或点眼	1 头份
17 ~ 18	新城疫－传染性支气管炎二联活疫苗 （28/86）	滴鼻或点眼	2 头份
	禽流感灭活油苗 (H9)	颈部皮下注射	0.3 毫升
22 ~ 24	传染性法氏囊活疫苗	滴鼻或点眼	1 ~ 2 头份
	禽流感灭活油苗 (H5N1 二价)	颈部皮下注射	0.5 毫升
28 ~ 29	鸡痘活疫苗	翼下刺种	2 头份
40 ~ 45	传染性喉气管炎活疫苗	点眼	1 头份
50 ~ 55	新城疫－传染性支气管炎活疫苗 (IV-H120)	滴鼻或点眼	2 头份
	新城疫－流感(H9)二联灭活疫苗	肌内注射	0.5 毫升
65	传染性喉气管炎疫苗	点眼	1 头份
	禽流感灭活油苗 (H5N1 二价)	颈部皮下注射	0.5 毫升
80	鸡痘（进口）	翼下刺种	1 头份
95	新城疫－传染性支气管炎二联活疫苗 (IV-H120)	气雾	1.5 头份
	禽流感灭活油苗 （H9）	肌内注射	0.5 毫升
105 ~ 110	新城疫－传染性支气管炎－减蛋综合征灭活疫苗	肌内注射	0.5 毫升
130	新城疫－传染性支气管炎二联活疫苗 (C30-MA5)	点眼	1 头份

第三节　疾病的检查

一、临床观察

了解饲养管理情况、常规用药、免疫和病史、产蛋情况。

● **体况和外观**　仔细观察鸡的体况和外观，确定有无异常、行动失调、震颤或麻痹等神经症状、失明和呼吸方面的症状。

● **体表**　检查体表、皮肤、喙、鼻和眼部分泌物等，判断是否有外寄生虫、腹泻、脱水及不良营养状况。

（彭　西）

● 采血　备测血清学检查。血样可从颈静脉、翅静脉或心脏采取，注意无菌操作，如怀疑血液寄生虫，应用干净玻片制成全血涂片。

（彭　西）

二、病理剖检

用断颈、电死或颈静脉放血等方法处死病鸡，进行病理剖检。

▲ **注意事项** 实质器官，均需注意表面和切面的病变；管腔状器官，需注意腔内容物性状和浆膜、黏膜的变化。

● **步骤**

颈静脉放血处死病鸡。

沿胸腹部中线切开皮肤，分离股骨头和髋臼，使两腿平放。

从泄殖腔至胸骨后端纵行切开体腔。用骨剪剪断体壁两侧的肋骨，再剪断锁骨，揭开胸骨，暴露体腔内所有器官。

先将心脏连心包一起剪离，再采出肝。

然后将肌胃、腺胃、肠、胰腺、脾脏及生殖器官一同采出。

肺脏和肾脏位于肋间隙内及腰荐骨的凹陷部，可用外科刀柄钝性分离。

用剪刀剪下颌骨，剪开食道、气管。

剥离头部皮肤，再剪除颅顶骨，即可露出大脑和小脑。然后轻轻剥离，将整个脑组织采出。

（彭　西）

第四节　预防用药

一、蛋鸡用药必须遵循的原则

蛋鸡用药必须遵循的原则

1.预防用药需凭兽医处方购买，在兽医指导下用药，弃蛋期内的鸡蛋不得供人类食用。

2.禁止使用未经农业农村部批准或已经淘汰，或对环境造成严重污染的兽药。

3.使用的药物应严格遵守《中华人民共和国兽药典》《中华人民共和国兽药规范》《兽药质量标准》和《进口兽药质量标准》规定的作用与用途、使用剂量、疗程和注意事项。

4.产蛋期间用药应严格遵循休药期制度，肉不少于28天，蛋不应少于7天之规定。

蛋鸡用药必须遵循的原则

5.禁止在整个产蛋期蛋鸡饲料中添加药物饲料添加剂。

6.使用目的明确，分阶段用预防药，治疗疾病切忌滥用药物。禁用原料药物和人药。

二、药物使用方法

- 适用于不溶或难溶药
- 药、料混合均匀
- 逐步稀释法拌料

拌料给药

注射给药
- 用具消毒
- 注射部位消毒
- 注射部位正确

饮水给药
- 用药前2～4小时停止供水
- 鸡只短时间内饮完稀释药水

三、蛋鸡用药程序

蛋鸡用药程序

日龄	用药目的	可使用的药物
0～10	主要预防控制由沙门氏菌和大肠杆菌引起的脐炎、大肚脐，并提高雏鸡免疫力	硫酸新霉素可溶性粉：50～75毫克／升，连用3～5天 盐酸沙拉沙星可溶性粉：25～75毫克／升，连用2～3天 恩诺沙星溶液：25～75毫克／升，连用2～3天 盐酸二氟沙星溶液：25～75毫克／升，连用2～3天

（续）

日龄	用药目的	可使用的药物
10～42	主要预防控制球虫病、支原体病和大肠杆菌病	控制球虫病的药物：见表"常用的抗球虫药物" 控制支原体病和大肠杆菌病的药物： 二氟沙星可溶性粉：25～75毫克／升，连用2～3天 氟苯尼考散：每千克体重20～30毫克，连用3～5天 联合用药 阿莫西林＋硫氰酸红霉素，阿莫西林＋克拉维酸钾＋酒石酸泰乐菌素等，饮水或拌料
42～90	主要预防控制大肠杆菌病、慢性呼吸道病和非典型新城疫及其混合感染引起的顽固性呼吸道病	大肠杆菌病和慢性呼吸道病混合出现：阿莫西林＋克拉维酸钾＋酒石酸泰乐菌素等，饮水或拌料 滑腱症：维生素B_1和锰盐，连用1周 传染性喉气管炎：接种前后3天，电解多维饮水，连用3～5天 顽固性呼吸道病：氟苯尼考散拌料，连用3～5天
90～180	防止新母鸡病的发生，清除卵巢炎、输卵管炎及肠道疾病，为鸡群创造有利的产蛋体况	新母鸡病：电解多维＋阿莫西林钠混合饮水，连用5～7天 卵巢炎和输卵管炎：氟苯尼考散全天拌料，每隔20～30天，用药预防一个疗程（3～5天），连用两个疗程 顽固性腹泻：三三过渡法转换饲料，也可使用盐类健胃药，如人工盐拌料 慢性球虫病：二硝托胺或地克珠利全天药量集中投服，连用3～5天
180日龄后	提高机体抗病能力，定期消除卵巢炎和输卵管炎，并作好新城疫的预防工作，保证良好的产蛋体况	产蛋不上高峰综合征：每月定期在饲料中添加维生素E和黄芪多糖10～15天 卵巢炎和输卵管炎：氟苯尼考散（二氟沙星等药物）全天拌料，每隔20～30天，用药一个疗程（3～5天）

常用的抗球虫药物

药物名称	作用范围	作用阶段	作用峰期	副作用
盐霉素	堆型、毒害、变位艾美耳球虫	无性发育期	感染后1天	饮水增加，垫料湿
莫能霉素	堆型、毒害、变位、柔嫩、巨型艾美耳球虫	第一代裂殖体	感染后2天	引起啄羽，不能与泰妙灵同时使用
马杜霉素铵	柔嫩、巨型、毒害、堆型、布氏、变位艾美耳球虫	早期阶段	感染后1～3天	毒性大

（续）

药物名称	作用范围	作用阶段	作用峰期	副作用
拉沙洛菌素	柔嫩、巨型、毒害、变位艾美耳球虫	第一代裂殖体	感染后1天	
氨丙啉	柔嫩、布氏、毒害等艾美耳球虫	第一代裂殖体	感染后3天	妨碍维生素B_1吸收
尼卡巴嗪	柔嫩、堆型、巨型、毒害艾美耳球虫	第二代裂殖体	感染后4天	导致生长抑制，蛋壳颜色变浅，受精率下降，对热应激敏感
常山酮	柔嫩、毒害、巨型、变位、堆型艾美耳球虫	第一、二代裂殖体	感染后1天	
二硝托胺	毒害、柔嫩、巨型等艾美耳球虫	第一代裂殖体	感染后3天	
盐酸氯苯胍	柔嫩、巨型、毒害、堆型、布氏艾美耳球虫	第一、二代裂殖体	感染后3天	10倍治疗浓度时，可使鸡群出现白细胞增多症，β-球蛋白升高，生长延迟，大剂量(66毫克/千克)的饲料浓度所喂母鸡产的蛋有异味
氯羟吡啶	柔嫩、毒害、变位、毒害艾美耳球虫	第一代裂殖体初期	感染后1天	
地克珠利	各种艾美耳球虫	每个生命周期	感染后4天	

第五节　常见疾病的防治

一、鸡新城疫

鸡新城疫又名亚洲鸡瘟（俗称鸡瘟），是由鸡新城疫病毒引起的一种烈性传染病。

● 诊断要点

➤ 临床特征　排出绿色粪便，嗉囊内充满酸臭的黏液；呼吸困难，鸡冠髯暗红或青紫色，2～3天后鸡只大批死亡。耐过鸡呈神经症状，出现头颈扭曲，或呈观星姿势。产蛋鸡产蛋量大幅度下降。

➤ **病理特征** 腺胃乳头出血与坏死；肠黏膜出血、坏死，形成枣核样溃疡；盲肠扁桃体出血、坏死及溃疡形成。

➤ **鉴别诊断** 注意与禽流感、鸡霍乱相区别。必要时，可送检材料做病原学诊断。

病鸡呈神经症状：头颈扭曲 （岳 华）

腺胃乳头出血 （岳 华）

肠道出血，可见紫红色枣核样肿大的肠道淋巴集结 （岳 华）

肠黏膜灶状出血和枣核状坏死 （岳 华）

● **防治措施**

➤ **预防** 搞好卫生消毒，加强饲养管理，防止病原侵入。免疫接种是预防新城疫发生的关键，常用疫苗有弱毒活苗和灭活油乳剂苗，应根据母源抗体水平和当地疫情合理安排免疫程序。

➤ **治疗** 本病无特效疗法。鸡群一旦发病，应立即用La Sota系、克隆30或V4点眼或饮水，2月龄鸡也可用Ⅰ系紧急接种，同时配合使用抗生素和多种维生素，以预防细菌继发感染。

二、禽流感

禽流感是由A型流感病毒引起禽类的一种从呼吸系统到全身败血症等感染或/和疾病综合征。

● **诊断要点**

➤ **临床特征** 高致病性禽流感病鸡呼吸困难，腹泻排绿色粪便，头面部肿胀，结膜充血、出血，冠髯肿胀、发绀，趾部充血、出血。产蛋鸡产蛋率下降甚至停止。发病后期可出现神经症状。

➤ **病理特征**

高致病性禽流感：特征性病变表现为全身出血与水肿。

低致病性禽流感：病变主要表现为气管炎、支气管炎和气囊炎等。

➤ **鉴别诊断** 注意与鸡新城疫、传染性支气管炎相区别。

鸡冠有出血性坏死灶 （岳 华）

头面部肿胀 （岳 华）

冠髯肿胀发绀 （岳 华）

头部皮下有淡黄色胶冻样渗出物 （岳 华）

冠状脂肪及心外膜出血 （岳 华）

腿部皮下出血 （岳 华）

腺胃乳头、肌层出血，两胃交界处带状出血
（岳 华）

卵泡出血、变形 （岳 华）

输卵管内有黏液样分泌物
（岳 华）

喉头、气管内有干酪样物质
（岳 华）

● **防治措施** 建立严格的检疫制度，严禁从疫区或可疑地区引进鸡苗、种蛋或鸡制品。对本病流行严重地区，在弄清流行毒株的基础上，由当地兽医防疫部门统一引进灭活疫苗进行接种，可有效阻止本病流行。家禽一旦发病，一经确诊，应立即坚决彻底予以销毁（包括有关物品），严格执行封锁、隔离、消毒和无害化处理措施。

三、鸡传染性喉气管炎

传染性喉气管炎是由传染性喉气管炎病毒感染引起的鸡的一种急性呼吸道传染病，以呼吸困难、咳嗽、咳出血性渗出物为特征。近年来，流行范围逐渐扩大，危害逐年严重。

● **诊断要点**

➤ **临床特征** 病鸡呼吸困难，表现为头颈伸直、张口呼吸，或剧烈甩头或呈痉挛性咳嗽。

➤ **病理特征** 喉头及气管黏膜肿胀充血、出血，其上附有黏液或假膜；喉头、气管腔内充有血凝块或出血性栓子、黄白色干酪样物质。

➤ **鉴别诊断** 注意与鸡痘、传染性支气管炎相区别。

喉头及气管黏膜肿胀充血、出血，气管腔内充有血凝块或出血性栓子 （岳 华）

病鸡呼吸困难，表现为头颈伸直、张口呼吸 （岳 华）

喉头腔内有黄色干酪样栓子 （岳 华）

气管腔内的淡黄色干酪样物质 （岳 华）

● **防治措施** 不引进病鸡，防止病原入侵。疫区可用弱毒疫苗免疫，以点眼效果最好。本病尚无有效治疗方法，及时隔离淘汰病鸡，每日用高效消毒药进行1～2次带鸡消毒，同时用泰乐菌素、红霉素、羟氨苄青霉素等抗菌药物，防止细菌继发感染。

四、鸡传染性支气管炎

传染性支气管炎是由冠状病毒引起的鸡的一种急性、高度接触性的传染病。因毒株不同，本病可分为呼吸型和肾型两种类型。

● **诊断要点**

➤ **临床－病理特征**

呼吸型传染性支气管炎：病鸡呼吸困难，严重者头颈向前向上伸展，张口呼吸。蛋鸡产蛋率急剧下降，出现畸形蛋。

剖检见气管、支气管黏膜充血、出血，腔内见有浆液性或黄白色干酪样渗出物。产蛋母鸡卵巢变形，卵泡充血、出血、液化。

肾型传染性支气管炎：病鸡排白色粪便或水样粪便，爪部因脱水变得干燥无光。剖检见肾脏肿大，尿酸盐沉积，色淡苍白，外观呈花斑状。

➤ **鉴别诊断** 注意与低致病性禽流感、新城疫相区别。必要时，可送检材料做病原学诊断。

呼吸型传染性支气管炎：病鸡呼吸困难，头颈前伸，张口呼吸 　　　　（岳　华）

呼吸型传染性支气管炎：病鸡产白壳蛋、小蛋、软壳蛋 　　（岳　华）

呼吸型传染性支气管炎：气管黏膜弥漫性出血　　　　　　　（岳　华）

肾型传染性支气管炎：病鸡排出的白色水样粪便　　　　　　　（岳　华）

呼吸型传染性支气管炎：卵巢变形　　　　　　　　　　（岳　华）

呼吸型传染性支气管炎：卵巢卵泡变形、变色　　　　　　　　（岳　华）

肾型传染性支气管炎：病鸡脱水，爪干无光　　　　　　　　　（岳　华）

肾型传染性支气管炎：尿酸盐沉积，肾脏肿大表面呈花斑状。输尿管充有白色石灰样内容物　　　　　　（岳　华）

● **防治措施** 适时接种疫苗,用H120在7～10日龄滴鼻,40日龄二免,75日龄可用H52强化免疫。肾型传染性支气管炎可用含有T株的弱毒疫苗或灭活苗进行免疫。

目前对本病尚无特效疗法,呼吸型可用广谱抗菌药物如严迪、泰乐菌素等防止细菌继发感染。肾型传染性支气管炎还可用肾肿解毒药等帮助尿酸盐排出。

五、鸡传染性法氏囊病

鸡传染性法氏囊病是由病毒引起的主要危害幼龄鸡的一种急性、高度接触性传染病。

● **诊断要点**

➤ **流行特点** 3～6周龄的鸡最易感,感染率可达100%,死亡率一般为5%～40%。

➤ **临床特征** 排白色黏液样粪便,脱水严重时全身震颤、衰竭死亡。

➤ **病理特征** 腿部和胸部肌肉出血;法氏囊肿大出血、坏死呈紫红色葡萄样。剖开见法氏囊黏膜出血、坏死。肾脏肿大,尿酸盐沉积而呈灰白色花斑状。腺胃与肌胃交界处可见带状出血。

➤ **鉴别诊断** 注意与新城疫、传染性支气管炎相区别。

胸部和腿部肌肉出血 （岳 华） 法氏囊黏膜出血、坏死（岳 华）

法氏囊出血呈紫葡萄样（岳　华）　　　肾脏尿酸盐沉积呈花斑状　（岳　华）

● **防治措施**　加强饲养管理和卫生消毒，实行全进全出，可有效降低本病的发生。搞好种鸡免疫，提高母源抗体水平，可有效保护雏鸡，避免早期感染。鸡群一旦发病，应及早注射高免卵黄或高免血清，同时投服抗菌药物和电解多维，以防止继发感染、抗应激，可迅速控制死亡。

六、蛋鸡产蛋下降综合征

蛋鸡产蛋下降综合征是由腺病毒引起的以产蛋量下降、产软壳蛋和无壳蛋为特征的一种病毒性传染病。

● **诊断要点**

➢ **流行特点**　多发于高峰期产蛋鸡，产蛋量下降30%～50%。

病鸡产薄壳蛋、软壳蛋，且大小不等　　　　蛋白稀薄如水　　　（岳　华）
（岳　华）

输卵管子宫部水肿、充血、出血、分
泌物增多　　　　　　　　（岳　华）

输卵管黏膜水肿　　　（岳　华）

　　➤ **临床特征**　高产蛋鸡群突然出现产蛋下降，畸形蛋显著增多。

　　➤ **病理特征**　输卵管发生急性卡他性炎症，管腔内有黏液渗出，黏膜水肿，似水泡。

　　➤ **鉴别诊断**　注意与鸡新城疫、禽流感、鸡传染性支气管炎等疾病相区别。

　　● **防治措施**　加强饲养管理和带鸡消毒，可减少本病发生。母鸡在18 ～ 20周龄注射灭活苗，有较好的预防作用。目前尚无有效疗法，对发病鸡群投服抗菌药物，防止继发感染，补充电解多维，可促进本病康复。

七、鸡痘

　　鸡痘是由鸡痘病毒感染引起的以皮肤和黏膜病变为特征的一种接触性传染病。

　　● **诊断要点**

　　➤ **临床－病理特征**　根据病变部位分为皮肤型、黏膜型或混合型。

　　皮肤型：皮肤上形成灰白色或黄白色水泡样的小结节（痘疹），逐渐增大或相互融合，干燥后形成灰黄色或棕褐色结痂。

　　黏膜型：口腔、气管及食道黏膜出现痘斑。

　　混合型：指皮肤型和黏膜型同时存在，病情严重，死亡率高。

➤ **鉴别诊断**　黏膜型鸡痘注意与鸡传染性喉气管炎、鸡慢性呼吸道病相区别。

皮肤型鸡痘：头面部痘疹，鸡冠苍白
（岳　华）

皮肤型鸡痘：胸部背侧皮肤的痘疹和痘痂　　　　　　　　　　（岳　华）

皮肤型鸡痘：趾部的痘痂（岳　华）

黏膜型鸡痘：口腔黏膜痘斑（岳　华）

黏膜型鸡痘：喉头黏膜的痘斑
（岳　华）

黏膜型鸡痘：气管黏膜的痘斑　（岳　华）

● **防治措施**

➤ 用鸡痘鹌鹑化弱毒疫苗分别于20日龄和110日龄皮下刺种，可有效预防鸡痘的发生。

➤ 鸡痘无特效治疗药物，皮肤型鸡痘，轻轻剥离痘痂后可用碘酊或紫药水局部处理。黏膜型鸡痘可用镊子将口腔或喉腔内的假膜剥掉，用1%高锰酸钾溶液冲洗后，再用碘甘油涂布。投服抗菌药物防止继发感染，补充电解多维，可促进病鸡康复。

八、鸡传染性脑脊髓炎

鸡传染性脑脊髓炎是由脑脊髓炎病毒引起的主要侵害雏鸡中枢神经系统的一种传染病，病鸡表现为共济失调和头颈震颤，又称流行性震颤。

● **诊断要点**

➤ 流行特点　1月龄以内的雏鸡最易感。

➤ 临床-病理特征　病鸡步态不稳，共济失调，头颈震颤，或瘫痪。

头颈震颤，站立不稳　（岳　华）

病鸡瘫痪　　　（岳　华）

病鸡神经麻痹，站立不稳，头颈部震颤　（岳　华）

➤ **鉴别诊断**　注意与鸡新城疫、鸡马立克氏病、维生素B₁缺乏症等疾病相区别。

● **防治措施**　非疫区种鸡于开产前1个月注射灭活苗，疫区可在10～12周龄接种弱毒疫苗，开产前用弱毒疫苗或灭活疫苗二免。病鸡无治疗价值，一旦确诊，应及时淘汰病鸡或整个鸡群。

九、鸡马立克氏病

鸡马立克氏病是由乙型疱疹病毒引起鸡的一种具有高度传染性的淋巴细胞增生性肿瘤病。

● **诊断要点**

➤ **流行特点**　多发于3～5月龄的鸡，发病率为5%～60%，致死率达100%。

➤ **临床特征**　神经型病鸡常因神经损伤而不能站立，病鸡呈劈叉姿势。

➤ **病理特征**

皮肤型：皮肤表面见有大小不一的弥漫性肿瘤结节，多在褪毛后被发现。

神经型：一侧腰荐神经或坐骨神经弥漫性或局灶性肿大、增粗。

内脏型：内脏器官或组织见有大小不等的肿瘤结节形成。

眼型：一侧性病变，虹膜褪色、瞳孔缩小、边缘不整。

● **防治措施**

➤ 加强饲养管理，净化种鸡，种蛋及孵化室严格消毒，防止雏鸡

劈叉姿势　　　　　　　　　　　　　　（岳　华）

皮肤型：弥漫性肿瘤结节 （岳 华）

皮肤型：肿瘤结节 （岳 华）

内脏型：心肌肿瘤结节 （岳 华）

内脏型：肝脏肿瘤结节 （岳 华）

内脏型：脾脏肿瘤结节 （岳 华）

内脏型：肺脏肿瘤结节 （岳 华）

在孵化室感染是防治本病的关键。

➤ 选择质量可靠的疫苗，在雏鸡出壳后尽快接种，最好在24小时内完成，可有效预防本病。

➤ 本病目前尚无有效治疗药物，对病鸡应及早发现、及时淘汰，以减少传染。

内脏型：肾脏肿瘤结节　（岳　华）

神经型：坐骨神经肿大（左侧）（岳　华）

神经型：坐骨神经肿大（右侧）（岳　华）

眼型：虹膜褪色，瞳孔缩小，边缘不整

（岳　华）

十、鸡淋巴细胞性白血病

鸡淋巴细胞性白血病是由禽白血病/肉瘤病毒群的病毒感染引起的一种鸡慢性肿瘤性疾病。

● 诊断要点

➤ 流行特点　见于16周龄以上的鸡，性成熟前后是发病高峰，多为散发。

➤ 临床特征　病鸡进行性消瘦，常见腹部膨大，体外可触摸到肿大的肝脏，最后衰竭死亡。

➤ 病理特征　肝脏显著肿大，严重时肿大的肝脏可覆盖整个腹腔，故俗为"大肝病"，表面散布有大小不等的肿瘤结节。其他内脏器官也见肿瘤结节形成。

➤ 鉴别诊断　注意与马立克氏病相区别。

肝脏极度肿大，后缘达肛门处（大肝病）（岳　华）

肝脏肿瘤结节　　（岳　华）

脾脏肿大，表面见有肿瘤结节　（岳　华）

法氏囊肿瘤性增生、肿大　（岳　华）

肾脏肿瘤结节　　（岳　华）

● **防治措施**　目前尚无疫苗用于本病预防，也无有效疗法，重在预防。

十一、鸡白痢

鸡白痢是由鸡白痢沙门氏菌引起的各种年龄鸡均可发生的传染病，以急性败血性经过或慢性、隐性感染为特征。

● 诊断要点

➤ 临床－病理特征

雏鸡：多见于 1 ～ 2 周龄的雏鸡。特征症状是下痢，排灰白色黏液状稀便，污染肛周羽毛，堵塞肛门时排便困难而死亡。

剖检见肝脏、脾脏、肺脏和心肌有大小不等的灰黄色坏死灶或灰白色结节；卵黄吸收不良，内容物呈黄色奶油状或干酪样。盲肠肿粗，内有干酪样凝结物。

成年鸡：特征性病变是慢性卵巢炎。

病鸡排泄白色黏性粪便　　（岳　华）

肝脏表面见有灰白色坏死点　　（岳　华）

肺脏脓性肉芽性病灶　　（岳　华）

心肌见有大小不等的灰白色坏死灶

（岳　华）

盲肠内有干酪样栓子 　（岳　华）

卵巢变性、坏死　　（岳　华）

卵泡出血、变性、变形、变色（岳　华）

病鸡产的软壳蛋、沙壳蛋　（岳　华）

● **防治要点**

➢ 切断传播途径，搞好种鸡场净化工作，加强卫生消毒，防止孵化感染，可有效防止鸡白痢的发生。

➢ 出壳雏鸡开食时用敏感抗菌药物，如环丙沙星、氧氟沙星、氟苯尼考、新霉素等饮水或拌料，连续使用3～5天，可取得满意的预防效果。

➢ 对发病鸡群的治疗最好在药敏试验的基础上，选择高敏药物使用，并注意穿梭用药，因为鸡白痢沙门氏菌对多种抗菌药物有耐药性。

十二、禽霍乱

禽霍乱又称禽巴氏杆菌病，是由多杀性巴氏杆菌引起的多种家禽的急性败血性传染病，以出血性炎和坏死性炎为特征。

● 诊断要点

➢ 流行特点　以3～4月龄育成禽和产蛋禽多见。

➢ 临床－病理特征　全身浆膜、黏膜点状出血；局灶性坏死性肝炎；出血性十二指肠炎；心外膜和心冠状沟见有密集的出血斑点；肺脏瘀血、水肿。

➢ 鉴别诊断　注意与新城疫、禽流感相区别。

心脏冠状脂肪及心外膜斑点状出血

（岳　华）

肺脏高度膨隆，充血、出血、水肿
（岳　华）

肝脏肿大，表面见有均匀分布的灰白色坏死点
（岳　华）

肠黏膜充血、出血　（岳　华）

肠管发红，浆膜出血　（岳　华）

● 防治要点

➢ 目前有弱毒疫苗和灭活疫苗可用于预防，但免疫期一般只有3个月，免疫保护率也不理想。

> 对已发病的鸡群，可选用增效磺胺、氧氟沙星等敏感药物内服，或用链霉素、卡那霉素、庆大霉素等肌内注射，均有良好疗效。

十三、鸡大肠杆菌病

鸡大肠杆菌病是由大肠埃希氏菌的某些血清型所引起的一类疾病的总称。

● 诊断要点

➢ 临床－病理特征

幼雏：脐炎，脐孔闭合不全、周围皮肤红肿；卵黄吸收不良；腹部膨胀，俗称大脐病。

中雏：多表现为气囊炎、肝周炎、心包心肌炎、关节炎和滑膜炎。

产蛋鸡：主要表现为输卵管炎、卵黄性腹膜炎、肠炎、肉芽肿和全眼球炎。

➢ 鉴别诊断 注意与鸡慢性呼吸道病相区别。

● 防治措施

➢ 禽大肠杆菌病血清型众多，免疫原性差，在本病流行严重地区，可使用自家疫苗，有一定保护作用。

➢ 发病鸡群可用广谱抗菌药物，如氟苯尼考、新霉素、磺胺等敏感药物进行治疗，但由于耐药菌株的普遍存在，最好根据药敏试验结果确定用药，才能取得满意疗效。

气囊壁和心包增厚 （岳 华）

纤维素性心包炎 （岳 华）

纤维素性肝周炎 （岳 华）

卵泡破裂，腹腔内有凝卵样物质
（岳 华）

输卵管内有大量干酪样坏死物 （岳 华）

头部皮下形成的肉芽肿 （岳 华）

十四、鸡慢性呼吸道病

鸡慢性呼吸道病是由鸡败血支原体感染引起的鸡和火鸡的一种慢性接触性传染病，以呼吸困难、眶下窦肿胀为特征。

● **诊断要点**

➤ **流行特点** 1～2月龄最易感，感染率为20%～70%，多呈慢性经过，死亡率低。以寒冷季节多发。

➤ **临床特征** 呼吸困难；眼睑粘连和眶下窦肿胀，眼部突出，内有白色干酪样物。

➤ **病理特征** 呼吸道炎症和气囊炎。

➤ **鉴别诊断** 注意与鸡传染性鼻炎、鸡大肠杆菌病相区别。

病鸡张口呼吸 （岳 华）

眶下窦内的干酪样物质 （岳 华）

气囊壁轻度浑浊，有黄白色气泡
（岳 华）

气管内的干酪样物质 （岳 华）

● 防治措施

➢ 种鸡场应建立净化种鸡群，阻断垂直传播。

➢ 目前已有弱毒疫苗和灭活疫苗用于鸡慢性呼吸道病的预防，可显著降低本病发病率。

➢ 发病鸡群用红霉素、严迪、泰乐菌素、洁霉素、林可霉素和强力霉素等药物治疗，因耐药性败血支原体菌株的存在，最好参考药敏试验结果用药。

十五、鸡传染性鼻炎

鸡传染性鼻炎是由副鸡嗜血杆菌所引起的一种急性呼吸道疾病，以鼻腔、眶下窦卡他性炎、结膜炎和面部肿胀为特征。

● 诊断要点

➢ 流行特点 以 4 ～ 12 月龄鸡最易感，寒冷季节多发。

➢ **临床特征** 病鸡呼吸困难，流炎性鼻涕；结膜发炎；颜面部水肿，一侧或两侧眼睛肿胀闭合。

➢ **病理特征** 鼻腔和眶下窦发生卡他性炎。颌下及颜面部皮下水肿；眼结膜充血肿胀。产蛋鸡可见卵泡变形、破裂，有时可见卵黄性腹膜炎。

➢ **鉴别诊断** 注意与鸡慢性呼吸道病相区别。

病鸡眼睑和眶下窦肿胀 　　（岳　华）

病鸡呼吸困难，流出浆液性、黏液性或脓性鼻涕。肉髯及下颌肿胀（岳　华）

鼻腔和眶下窦内有白色黏液性分泌物 　　　　　　　（岳　华）

鼻黏膜充血水肿，鼻窦内有大量黏液（岳　华）

● **防治措施**

➢ 目前多采用灭活油苗免疫鸡群，50 ~ 60 日龄首免，100 ~ 110 日龄二免，有较好的预防效果。

➤ 发病鸡群用红霉素、泰乐菌素、磺胺、喹诺酮类等进行治疗，也可用链霉素、庆大霉素、壮观霉素等肌内注射，可迅速控制本病流行。发病期间，每天应对圈舍、用具及环境消毒1～2次，以免反复感染。

十六、鸡球虫病

鸡球虫病是由艾美耳属的球虫引起鸡的一种原虫病，常见的有盲肠球虫病和小肠球虫病，以前者危害严重。

● 诊断要点

➤ 流行特点 3～6周龄幼鸡最易感，发病率和死亡率都很高。

➤ 临床特征 鸡冠苍白，排出橘红色、咖啡色或血性粪便，随后死亡。

➤ 病理特征 盲肠增粗，壁增厚，呈暗红色，黏膜弥漫性出血或坏死，肠腔内充有大量暗红色血液或血性凝栓。

肠内容物镜检可见大量的球虫虫卵。

病鸡排出橘红色、咖啡色或血性粪便 　　　　　　　　　（岳 华）

盲肠膨胀，浆膜面出血、坏死 　（岳 华）

盲肠黏膜出血、坏死，内有肠内容物与血液形成的栓子 　　　　　　（岳 华）

盲肠黏膜出血 　　　　（岳 华）

● **防治措施**

➤ 切断球虫的体外生活链，保持圈舍通风、干燥，及时清除粪便，定期消毒等，可有效防止本病发生。在球虫高发年龄段，使用敏感抗球虫药物，是本病的重要预防手段。

➤ 目前已有球虫弱毒疫苗面世。据报道，使用得当，有一定效果。

➤ 发病鸡群可使用氨丙林、马杜拉霉素、莫能菌素、磺胺等抗原虫药物进行治疗，对急性发病鸡群同时使用维生素 K 或青霉素制止出血，可迅速控制死亡。但因球虫易产生耐药性，防治时，应选择敏感药物，并注意穿梭用药，严格掌握用药剂量，防止球虫药中毒。

十七、蛋鸡脂肪肝综合征

蛋鸡脂肪肝综合征是产蛋鸡的一种脂肪代谢障碍性疾病，以肝脏肿大、脂肪过度沉积为特征。

● **诊断要点**

➤ 临床特征 病鸡鸡冠、肉髯色淡发白，产蛋量降低。

➤ 病理特征 腹腔内充有大量脂肪。肝脏肿大色黄或呈土黄色油腻状，表面及切面可见大小不等的出血斑点和小血肿，或见肝脏破裂、出血，腹腔内出现大小不等的血凝块。

鸡冠色淡苍白 　　（岳　华）

胸肌色淡苍白 　　（岳　华）

腹腔内的脂肪和血凝块　　（岳　华）

肝脏质脆如泥　　（岳　华）

肝脏色黄、出血　　（岳　华）

腹腔大量脂肪沉积并形成脂肪垫
（崔恒敏）

● 防治措施

➤ 调整饲料的代谢能与蛋白质的比例，适当限饲。

➤ 发病后，每吨饲料添加氯化胆碱1 000克、维生素E 10 000国际单位、维生素B$_{12}$ 12毫克和肌醇900克，连续饲喂2周。

十八、初产蛋鸡猝死综合征

本病主要见于初产蛋鸡，产蛋率为20% ～ 30%时发病死亡率最高，产蛋率达60%以上时，死亡率逐渐降低。本病的病因尚不清楚，可能与饲料的组成有关。

泄殖腔外翻，黏膜充血、出血甚至坏死
（岳 华）

肺脏充血、出血 （岳 华）

右心房显著扩张 （岳 华）

心脏极度扩张，为正常的数倍
（岳 华）

心包积液 （岳 华）

输卵管内有完整的蛋，腿部肌肉苍白
（岳 华）

第六节 蛋鸡场废弃物处理

一、鸡粪的处理

目前，鸡粪的处理方法包括以下3种：

● **堆肥法** 堆肥过程中产热可杀灭病原菌、虫卵和蛆蛹。堆肥处理后可加工为优质有机肥料或其他动物的粗饲料。传统堆肥法的加工流程如右图所示。

过磷酸钙（20千克／吨）
湿度50%

塑料布不密封覆盖，
夏、秋早晚揭膜通风

鸡粪＋垫草（谷壳，锯末）可加发酵剂

翻倒3遍后，堆成高1米、宽2米的料堆，堆顶打孔

10天后翻堆，20天即熟透

堆肥法处理鸡粪流程图

● **干燥处理** 干燥处理鸡粪，不仅可减少鸡粪中的水分，还有除臭和灭菌的功效。干燥后的鸡粪可作为燃料，也可下一步加工成颗粒肥料，或作为畜禽的饲料。

● **沼气发酵** 产生的甲烷可用作燃料或发电照明，沼渣也是一种无臭的良好肥料。

常用的干燥处理方法

二、污水的处理

粪污水和冲洗鸡舍的废水应经过处理后排放。鸡场污水处理的基本方法有直接还田法和工业处理法。

● **直接还田法**　鸡场污水还田作肥料为传统而经济有效的处置方法。适用于有足够农田消纳粪便污水的地区。

● **工业化处理模式**　适用于规模较大的养殖场。

三、病死鸡的处理

日常管理工作中应及时将病死鸡拣出，放到指定地点，不能随便乱扔或在鸡场就地解剖。

● **深埋法**　选择远离住宅区、牧场和水源，地势高燥，能避开洪水冲刷的地点进行挖坑深埋法处理。用于深埋的坑要求深1.2 ~ 1.5米，同时在尸体入坑前后各撒一层生石灰。

● **坑池处理**　在鸡场的下风向距生产区较远处，挖一深坑，一般2万只鸡的鸡场挖$3 ~ 4$米^{3}的深坑即够用，坑上加盖封好，留40厘米^{2}的小口，以备投入死鸡用，注意防止雨雪渗入。此法虽简单但地下水位高的地区慎用，以防地下水被污染。

● **焚化法**　市售的许多焚尸炉可以无烟、无臭地处理尸体，方便实用。在养殖业集中的地区，可联合兴建病死畜禽焚化处理厂，同时在不同的服务区域内设置若干冷库，集中存放病死畜禽，由密闭的运输车辆负责运送到焚化厂，集中处理。

● **高温煮沸法**　将尸体置于水中煮沸。

● **饲料化处理**　通过蒸煮干燥机对传染病致死的鸡只进行高温、高压彻底灭菌处理，然后干燥、粉碎，可获得优质的肉骨粉。

7 第七章 蛋鸡场的管理

第一节 蛋鸡场的生产管理

一、蛋鸡场的计划管理

对蛋鸡场的鸡群周转、产蛋、饲料供给进行计划管理，可以有效地分配有限的资源，从总体上把握蛋鸡场的生产情况和投入产出。以下罗列了蛋鸡场各部分计划类管理样表。

雏鸡育成鸡周转计划表

月份	0～42日龄					43～132日龄				
	期初只数	转入日期数量	转出日期数量	成活率	平均饲养只数	期初只数	转入日期数量	转出日期数量	成活率	平均饲养只数
合计										

产蛋鸡周转计划表（133～500日龄）

月份	期初数	转入日期	转入数量	死亡数	淘汰数	存活率	总饲养只日数	平均饲养只数
合计								

雏鸡育成鸡饲料计划

周龄	饲养只日数	饲料总量（千克）	各种料量（千克）						添加剂
			玉米	豆粕	鱼粉	麸皮	骨粉	石粉	
合计									

产蛋鸡饲料计划

月份	饲养只日数	饲料总量（千克）	各种料量（千克）						添加剂
			玉米	豆粕	鱼粉	麸皮	骨粉	石粉	
合计									

（尹华东）

128

二、蛋鸡场的指标管理

● **育雏存活率**　指育雏期（0～6周龄）末成活的雏鸡数占入舍雏鸡数的百分比，育雏成活率应在95%以上。

● **育成鸡成活率**　指育成期（7～20周龄）末成活的育成鸡数占育雏期末雏鸡数的百分比，育成鸡存活率应在95%以上。

● **开产日龄**　是母鸡性成熟的日龄，即从雏鸡出壳到成年产蛋时的日数。计算开产日龄有两种方法：①做个体记录的鸡群，以每只鸡产第一个蛋的日龄的平均数作为群体的开产日龄。②大群饲养的鸡，从雏鸡出壳到全群鸡日产蛋率达50%时的日龄代表鸡群的开产日龄。

● **母鸡的产蛋量**　指母鸡在统计期（72周龄或更长）内的产蛋数。

● **产蛋率**　指母鸡在统计期内的产蛋百分比，有饲养日产蛋率和入舍鸡产蛋率两种计算方法。

● **平均蛋重**　代表母鸡蛋重大小的指标，以克为单位表示，通常用43周龄的平均蛋重代表全期的蛋重。个体记录的鸡群，在43周龄时连称3个以上的蛋重求平均值；大群记录时，连续称3天的总蛋重求平均值。鸡群数量很大时，可按日产蛋量的5%称测蛋重，求3天的平均值。

● **总蛋重**　即每只母鸡产蛋的总重量，以千克表示。计算公式为：总蛋重（千克）= [产蛋量 × 平均蛋重（克）] /1 000。

● **产蛋期存活率**　指入舍母鸡数减去死亡和淘汰后的存活数占入舍鸡数的百分比。高水平的鸡群产蛋期存活率在90%以上。

● **产蛋期死亡淘汰率**　指产蛋期死亡和被淘汰的总鸡数占入舍母鸡数的百分比。

● **产蛋期料蛋比**　指母鸡在产蛋期内所消耗的饲料量与产蛋总量之比，即每千克蛋所消耗的饲料量，也叫饲料转化比。选择料蛋比低的鸡种是提高经济效益的重要途径之一。理想的料蛋比为2.0 : 1～2.2 : 1。

● **种蛋合格率**　指种母鸡在规定的产蛋期内所产的符合本品种或品系要求的种蛋占产蛋总数的百分比。种蛋必须符合孵化的要求，即蛋重在50～70克，剔除畸形的、薄壳的、沙皮和钢皮的、蛋形过长或过圆的蛋。

● **受精率**　指受精蛋占入孵蛋的百分比。实践中通过孵化的头照（白壳蛋5天以上，褐壳蛋7天以上）来判断种蛋是否受精，种蛋受精率应在90%以上。

● **种蛋孵化率**　有受精蛋孵化率和入孵蛋孵化率两种计算方法。受精蛋孵化率：出雏数占受精蛋数的百分比。种蛋孵化率反映种蛋的质量和孵化技术水平。入孵蛋孵化率反映出种鸡、饲养、种蛋保存和孵化技术等综合水平。

● **健雏率**　指健康的雏鸡占出雏数的百分比。健雏指适时清盘时绒毛蓬松光亮；脐部愈合良好、没有血迹；腹部大小适中、蛋黄吸收好；精神活泼，叫声响亮，反应灵敏；手握时有饱满和温暖感，有挣扎力；无畸形的雏鸡。

三、蛋鸡场的信息化管理

　　档案管理是蛋鸡场信息化管理的前提和首要任务，它可以适时、准确地反映鸡群状况。

各类档案分类，有序排列，方便查询

档案保存　　（朱　庆）　　　生产记录表　　（朱　庆）

完整保存近3年的生产记录：包括增重、耗料、产蛋率、死淘记录。具备完整的免疫、用药、消毒、饲料及添加剂使用记录。

电子档案既方便管理，又方便追溯，可以随时随地查看鸡群的生产情况，进行数据分析，为下步工作制订计划。

第二节　蛋鸡场的技术管理

蛋鸡场的生产管理是通过制订各种规章、制度和方案作为生产过程中的管理的纲领或依据，使生产能够达到预定的指标和水平。

一、制订技术操作规程

技术操作规程是鸡场生产中按照科学原理制订的技术规范，不同饲养阶段的鸡群，按照生产周期制定不同的操作规程。

饲养管理标准（绵阳圣迪乐村）

二、制订日常操作规程

将各类蛋鸡舍每天从早到晚按时划分进行的每项常规操作做出明文规定，使每天的饲养工作有规律地全部按时完成。

日常操作程序　　　　　　　　（绵阳圣康蛋鸡合作社）

三、制订综合防疫制度

为了保证蛋鸡健康和安全生产，场内必须制订严格的防疫措施，规定对场内、外人员和车辆、场内环境、装蛋的设备进行及时和定期的消毒，禽舍在空出后及时清洗、消毒，各类鸡群按时免疫、检疫等。

防疫、消毒制度　　　　　　　　（峨眉山全林鸡场）

四、制订合理的免疫程序

根据养殖自身情况，结合所养品种特点，制订科学的免疫程序，并严格执行。

免疫程序（峨眉山全林鸡场）

五、制订合理的光照程序

光照和鸡群体重直接影响生产情况，根据鸡群状况制定合理的光照程序，同时将鸡群控制在合理的体重可提高生产性能。

光照与体重控制标准　　　　　　　　　　（绵阳圣迪乐村）

第三节 蛋鸡场的经营与管理

一、蛋鸡场的组织结构

蛋鸡场由场长、办公室、生产部、销售部、财务部以及后勤部组成。

二、蛋鸡场的岗位职责

在蛋鸡场的生产管理中，要使每一项工作都有人去做，并按期做好，使每个职工各得其所，能够充分发挥主观能动性和聪明才智，需要建立联产计酬的岗位责任制。

● **场长** 负责鸡场全面工作，制定场内各项规章制度，定期检查技术执行情况，及时收集市场信息，修订和调整生产计划，协调场内各部门之间以及与场外相关部门的沟通工作。

● **技术员职责** 合理制定饲养方案、防疫计划、饲养管理规程、鸡群周转计划，认真填写和上报全场工作情况，学习和掌握疫病防治新技术和新方法，熟悉发生疫情时处理办法。

● **饲养员职责** 认真学习家禽基本理论知识和基本饲养技术，严格遵守和贯彻场内各项规章制度和饲养操作规程，观察鸡只情况，发现异常情况及时汇报。

● **其他岗位职责** 严格遵守各岗位的操作规章制度，认真完成本职工作。

分时间段公布鸡场的生产情况，将生产结果进行评比，对优秀员工给予一定的奖励，可有效地刺激工人的生产积极性。

三、蛋鸡场的财务管理

蛋鸡场的所有经营活动都要通过财务工作反映出来。因此，财务工作是蛋鸡场经营成果的集中表现。搞好财务管理不仅要把账目记载清楚，更重要的是要深入生产实际，了解生产过程，通过不断的经济活动分析，找出生产中存在的问题，研究、提出解决的方法和途径，做好企业的经营参谋。

（一）成本核算

在蛋鸡场的财务管理中成本核算是财务活动的基础和核心。只有了解产品的成本才能算出蛋鸡场的盈亏和效益的高低。

● **成本核算的对象**　每个种蛋、每只初生雏、每只育成鸡、每千克蛋。

● **成本核算的方法**

➤ 每个种蛋的成本 $= \dfrac{\text{种蛋生产费用} - (\text{种鸡残值} + \text{非种蛋收入})}{\text{入舍母鸡出售种蛋数}}$

➤ 每只初生雏成本 $= \dfrac{\text{种蛋费} + \text{孵化生产费} - (\text{未受精蛋收入} + \text{公雏收入})}{\text{出售的初生蛋雏数}}$

➤ 每只育成鸡的成本 $=$ 雏鸡费 $+$ 育成生产费用 $+$ 死淘均摊损耗

➤ 每千克鸡蛋的成本 $= \dfrac{\text{蛋鸡生产费用} - \text{蛋鸡残值}}{\text{入舍母鸡总产蛋量}}$

总成本费用的大致构成：

育雏、育成期成本构成		鸡蛋成本构造	
项　目	占总成本比例	项　目	占总成本比例
雏鸡费	17.5%	后备鸡摊消费	16.8%
饲料费	65.0%	饲料费	70.1%
工资福利费	6.8%	工资福利费	2.1%
疫病防治费	2.5%	疫病防治费	1.2%
燃料、水、电费	2.0%	燃料、水、电费	1.3%
固定资产折旧费	3.0%	固定资产折旧费	2.8%
维修费	0.5%	维修费	0.4%
易耗品费	0.3%	易耗品费	0.4%
其他间接费用	0.9%	其他间接费用	1.2%
期间费用	1.5%	期间费用	3.7%
合计	100%	合　计	100%

（二）考核利润指标

● **产值利润及产值利润率** 产值利润是产品产值减去可变成本和固定成本后的余额；产值利润率是一定时期内总利润与产品产值之比。

● 销售利润及销售利润率

➢ 销售利润＝销售收入－生产成本－销售费用－税金

➢ 销售利润率＝产品销售利润/产品销售收入×100%

● 营业利润及营业利润率

➢ 营业利润＝销售利润－推销费用－推销管理费

➢ 营业利润率＝营业利润/产品销售收入×100%

● 经营利润及经营利润率

➢ 经营利润＝营业利润±营业外损益

➢ 经营利润率＝经营利润/产品销售收入×100%

● 资金周转率（年）

➢ 资金周转率（年）＝年销售总额/年流动资金总额×100%

● 资金利润率

➢ 资金利润率＝资金周转率×销售利润率

附录　蛋鸡标准化示范场验收评分标准

申请验收单位：			验收时间：	年 月 日		
必备条件（任一项不符合不得验收）		1.场址不得位于《中华人民共和国畜牧法》明令禁止区域，并符合相关法律法规及区域内土地使用规划		可以验收□ 不予验收□		
		2.具备县级以上畜牧兽医部门颁发的《动物防疫条件合格证》，两年内无重大疫病和产品质量安全事件发生				
		3.具有县级以上畜牧兽医行政主管部门备案登记证明；按照农业部《畜禽标识和养殖档案管理办法》要求，建立养殖档案				
		4.产蛋鸡养殖规模（笼位）在1万只以上				
验收项目	考核内容	考核具体内容及评分标准		满分	得分	扣分原因
一、选址与布局（20分）	（一）选址（6分）	距离生活饮用水源地、居民区和主要交通干线、其他畜禽养殖场及畜禽屠宰加工、交易场所500米以上，得3分		3		
		地势高燥，通风良好，远离噪声，得3分		3		
	（二）基础设施（6分）	饮用水源稳定，并有水质检验报告，得1分；有贮存、净化设施，得1分		2		
		电力供应充足有保障，得2分		2		
		交通便利，有专用车道直通到场，得2分		2		
	（三）场区布局（8分）	场区四周有围墙，防疫标志明显，得2分		2		
		场区内办公区、生活区、生产区、粪污处理区分开得3分，部分分开得1分		3		
		采用按区全进全出饲养模式，得3分；采用按栋全进全出饲养模式，得2分		3		

(续)

验收项目	考核内容	考核具体内容及评分标准	满分	得分	扣分原因
二、设施与设备（33分）	（一）鸡舍（5分）	鸡舍为全封闭式得4分，半封闭式得3分，开放式得1分，简易鸡舍不得分	4		
		鸡舍有防鼠防鸟等设施设备，得1分	1		
	（二）饲养密度（2分）	笼养产蛋鸡饲养密度≥500厘米^2／只，得2分；380～500厘米^2／只，得1分；低于380厘米^2／只，不得分	2		
	（三）消毒设施（4分）	场区门口有消毒池，得2分	2		
		有专用消毒设备，得2分	2		
	（四）养殖设备（16分）	有专用笼具，得2分	2		
		有风机和湿帘通风降温设备，得5分，仅用电扇作为通风降温设备，得2分	5		
		有自动饮水系统，得3分	3		
		有自动清粪系统，得2分	2		
		有储料库或储料塔，得2分	2		
		有自动光照控制系统，得2分	2		
	（五）辅助设施（6分）	有更衣消毒室，得2分	2		
		有兽医室并具备常规的检验化验条件，得2分	2		
		有专用蛋库，得2分	2		

（续）

验收项目	考核内容	考核具体内容及评分标准	满分	得分	扣分原因
三、管理及防疫（26分）	（一）管理制度（4分）	有生产管理制度、投入品使用管理制度，制度上墙，执行良好，得2分	2		
		有防疫消毒制度并上墙，执行良好，得2分	2		
	（二）操作规程（4分）	有科学的饲养管理操作规程，执行良好，得2分	2		
		有科学合理的免疫程序，执行良好，得2分	2		
	（三）档案管理（16分）	雏鸡来自有《种畜禽生产经营许可证》的种鸡场，具备《动物检疫合格证明》和《种畜禽合格证明》，记录品种、来源、数量、日龄等情况。记录完整得3分，不完整适当扣分	3		
		有完整生产记录，包括日产蛋、日死淘、日饲料消耗及温湿度等环境条件记录。记录完整得4分，不完整适当扣分	4		
		有饲料、兽药使用记录，包括使用对象、使用时间和用量记录。记录完整得3分，不完整适当扣分	3		
		有完整的免疫、抗体监测及病死鸡剖检记录。记录完整得3分，不完整适当扣分	3		
		有两年内（建场低于两年，则为建场以来）每批鸡的生产管理档案，记录完整得3分，不完整适当扣分	3		
	（四）专业技术人员（2分）	有1名以上经过畜牧兽医专业知识培训的技术人员，持证上岗，得2分	2		

（续）

验收项目	考核内容	考核具体内容及评分标准	满分	得分	扣分原因
四、环保要求（15分）	（一）粪污处理（5分）	有固定的鸡粪储存、堆放设施和场所，储存场所有防雨、防渗漏、防溢流措施。满分为3分，有不足之处适当扣分	3		
		有鸡粪发酵或其他处理设施，或采用农牧结合良性循环措施。满分为2分，有不足之处适当扣分	2		
	（二）病死鸡无害化处理（5分）	配备焚尸炉或化尸池等病死鸡无害化处理设施，得3分	3		
		有病死鸡无害化处理记录，得2分	2		
	（三）环境卫生（5分）	净道、污道严格分开，得3分；有净道、污道，但没有完全分开，适当扣分；不区分净道和污道者不得分	3		
		场区整洁，垃圾集中堆放，得2分	2		
五、生产水平（6分）	（一）产蛋率（4分）	饲养日产蛋率≥90%维持4周以下，不得分；饲养日产蛋率≥90%维持4～8周，得1分；饲养日产蛋率≥90%维持8～12周，得2分；饲养日产蛋率≥90%维持12～16周，得3分；饲养日产蛋率≥90%维持16周以上，得4分	4		
	（二）死淘率（2分）	育雏育成期死淘率（鸡龄≤20周）≥10%，不得分；6%≤育雏育成期死淘率<10%，得0.5分；育雏育成期死淘率<6%，得1分	1		
		产蛋期月死淘率（鸡龄≥20周）≥1.5%，不得分；1.2%≤产蛋期月死淘率<1.5%，得0.5分；产蛋期月死淘率<1.2%，得1分	1		
总　分			100		

验收专家签字：

参 考 文 献

陈呈刚 . 2010 .应用过氧乙酸与甲醛对鸡蛋熏蒸消毒效果的研究 [J].国外畜牧学（猪与禽）（4）：72-73.

陈瑞爱，詹煊子 . 2009.不同消毒方法对种蛋消毒效果和孵化成绩的影响 [J].中国家禽（10）：41-43.

程军波，范梅华 . 2010.我国蛋品加工设备行业大盘点 [J].中国禽业导刊（15）：2-7.

崔恒敏 . 2011.动物营养代谢疾病诊断病理学 [M].北京：中国农业出版社 .

父母代海兰蛋鸡饲养管理手册 . http://wenku.baidu.com/view/ee155ff69e31433239689361. html.

海兰蛋鸡饲养管理手册 .http://www.docin.com/p-164112077.html.

鸡视频：Moba FL500 型上蛋系统 .http://v.youku.com/v_show/id_XMzAwMDg5OTcy.html

闫文杰，宁佳妮，安慧芬，等 . 2010.蛋保鲜技术研究进展 [J].中国食物与营养（10）：31-34.

家禽的孵化 .http://www.docin.com/p-135163526.html.

李翠萍 . 1987.雏禽孵化与雌雄鉴别 [M].沈阳：辽宁科学技术出版社 .

李虎 . 2009.不同的饲养模式对宁海土鸡生产性能的影响 [J].畜牧与饲料科学（5）：82.

李良德，白斌 . 2010.不同输精方法对鸡种蛋受精率的影响 [J].家禽科学（10）：39-40.

李晓东 . 2005.蛋品科学与技术 [M].北京：化学工业出版社 .

李湛 . 2010.公鸡精液品质的鉴定及注意事项 [J].今日畜牧兽医（11）：38.

罗曼父母代饲养管理手册 .http://www.hdyk.com.cn/shoucelist.aspx?cat_id=86.

农大 3 号鸡饲养管理手册 .http://wenku.baidu.com/view/6e2964e9b8f 67c1cfad6b8c1.html.

邱祥聘 . 1991.家禽学 [M].成都：四川科学技术出版社 .

视频：深圳振野蛋品机械设备有限公司 .http://www.zyegg.com/?bdclkid=aSk_JKDvXSJ 1vVCqhES9XN31fFKK0gscgdY5fv_RtBjP.

孙皓，王艳平，刘爱巧，等 .2001.饲养模式对蛋种鸡生产性能的影响 [J].农村养殖技术（13）：16.

谭千洪，张兆旺，范首君，等．2011.提高种公鸡繁殖性能的技术措施[J].中国家禽
　（1）：51-52.

王庆民，宁中华．2008.家禽孵化与雏禽雌雄鉴别[M].北京：金盾出版社．

王树岩，张春艳，任艳颖．2011.种蛋表面病原菌的检测与消毒方法[J].养殖技术顾问
　（5）：193.

王文涛，马美湖．2009.国外鲜蛋清洗消毒关键技术[J].农产品加工（7）：10-11.

王新华．2008.鸡病诊疗原色图谱[M].北京：中国农业出版社．

新罗曼褐蛋鸡饲养管理手册.http://www.docin.com/p-56343239.html.

杨宁．2002.家禽生产学[M].北京：中国农业出版社．

杨山．1994.家禽生产[M].北京：中国农业出版社．

杨伟平，阮智明，白润成．2010.鸡蛋保鲜技术的应用现状与展望[J].广东农业科学，
　37（7）：142-143.

峪口蛋鸡京红1号父母代蛋种鸡饲养管理手册.http://www.hdyk.com.cn/shoucelist.aspx?cat_
　id=311.

峪口蛋鸡京红1号京粉1号商品代蛋鸡饲养管理手册.http://www.hdyk.com.cn/shoucelist.
　aspx?cat_id=397.

岳华，汤承．2002.禽病临床诊断彩色图谱[M].成都：四川科学技术出版社．

图书在版编目（CIP）数据

蛋鸡标准化规模养殖图册 / 朱庆主编. —北京：
中国农业出版社，2019.6（2020.8重印）
（图解畜禽标准化规模养殖系列丛书）
ISBN 978-7-109-25206-6

Ⅰ. ①蛋⋯ Ⅱ. ①朱⋯ Ⅲ. ①卵用鸡－饲养管理－图
解 Ⅳ. ①S831.4-64

中国版本图书馆CIP数据核字（2019）第018885号

中国农业出版社出版
（北京市朝阳区麦子店街18号楼）
（邮政编码 100125）
责任编辑 黄向阳 颜景辰

中农印务有限公司印刷 新华书店北京发行所发行
2019年6月第1版 2020年8月北京第2次印刷

开本：880mm×1230mm 1/32 印张：5
字数：125千字
定价：29.80元
（凡本版图书出现印刷、装订错误，请向出版社发行部调换）